飲料水に忍びよる

有毒シアノバクテリア

国立環境研究所
農　学　博　士
彼谷邦光　著

裳　華　房

Toxic Cyanobacteria
—— Creeping in Drinking Water Reservoirs ——

by

KUNIMITSU KAYA, Ph. D.

SHOKABO

TOKYO

はじめに

シアノバクテリアは別名らん（藍）藻とも呼ばれ，それらが水面に集積した状態をアオコと呼んでいる．スピルリナやノストックの一部に無毒な種もあるが，ほとんどのシアノバクテリアは有毒と考えられており，淡水だけでなく汽水や海水からも検出される．また，シアノバクテリアはアオコだけでなく，水中に漂っていたり，浅い湖や海の底にマット状に張り付いたりして生息している．

1980 年代の後半にシアノバクテリアの毒素の構造が明らかになってから，有毒シアノバクテリアが私達の周りにたくさんいることが明らかになってきた．特に飲料水源となっている湖沼に発生したシアノバクテリアの毒素（シアノトキシンと呼ばれている）によって，急性中毒による死亡事故や肝臓ガン等の被害が世界各地で起きている．

ブラジルのカルアリー市で起きた透析クリニックでの中毒事故やオーストラリアのパーム島の水道水にシアノトキシンが混入した事故は，シアノバクテリアの恐ろしさを世界の人々に知らしめた．日本も例外ではなく，国内のほとんどの湖沼でシアノバクテリアの毒素が検出されている．これまで大きな事故がなかったのは単なる偶然としか考えられない．シアノバクテリアの毒素（シアノトキシン）のもう一つの恐ろしさは，慢性的影響として肝臓ガンと結びつくことである．肝臓ガン多発地域の発ガンにシアノトキシンが関与していた例が知られている．世界的にみるとシアノバクテリアによる被害は増加の傾向にある．有毒なシアノバクテリアはひたひたと私達の周りに忍び寄ってきているのである．

シアノバクテリアの被害をなくするには，まずシアノバクテリアとシアノトキシンについて知らなければならない．これまでに蓄積された知識は十分とはいえないが，智恵を働かせれば，被害をなくすることも可能となるはずである．本書の目的の一つは智恵を働かせるための知識を提供することにある．もう一つの目的は水環境や水質の改善に関心を持ってもらうことである．水質の悪化によって多くの人々の命が奪われている現実を知って頂きたいのである．

2000年の8月，シアノバクテリアの共同研究のために滞在していたドイツのノイグロブソウで本書の一次原稿を書き終えた．ノイグロブソウの周りにはたくさんの湖があり，その中のいくつかで毒性の高いシアノバクテリアが大発生していたのを今も時々思い出す．

2001年5月

彼 谷 邦 光

目　次

1　シアノバクテリアと奇病

これまで原因がわからず，その地域特有の風土病と考えられてきた病気の中のいくつかは，シアノバクテリアの毒素に起因するらしいことが明らかになってきている．シアノバクテリアは地球上に最初に現れた生物の一つで，強い毒素を生産するものもある．特に，淡水湖沼に生活排水や産業廃水が流れ込むようになって，湖沼が富栄養化状態になってきてから有毒シアノバクテリアが大発生するようになった．イギリスの学者は「おそらくイギリスでは産業革命以後ずっと有毒シアノバクテリアが発生していたにちがいない．」と語っていた．シアノバクテリアによる疾病が明らかになったのはシアノバクテリアの生態や毒素の物理化学的性質と毒性が明らかになってからであり，1985 年以降のことである．シアノバクテリアによる疾病や事故例のほとんどは外国で起きたものである．日本国内のシアノバクテリアによる疾病や事故の記録がないのは，ほんとうにシアノバクテリアによる疾病や事故がなかったのか，あるいはシアノバクテリア以外の原因とされたためにないのか定かではない．

ここでは奇病発生当時の状況を明らかにし，どのようにして原因が究明されていったかを当時の報告書から再現してみた．

1·1　ハッフ（Haff）病（突発性ミオグロビン尿症）

1924 年の後半から翌年の前半にかけて，東プロシアのケーニッヒスベルグ（Königsberg）のハッフ（Haff：海岸に接している潟が砂などにより封鎖され，淡水または汽水化した湖のことで，特にバルト海沿岸のものの呼び名）沿岸でこれまで見たこともない奇病が発生した（図1•1）．後になってこの奇病はハッフ病と名付けられた[1,2]．別名，突発性ミオグロビン尿症とも呼ばれていた．「1924年から1925年にかけての発症者はわずかであったが，1928年から1932年の間にこの病気は急増した．特に，1932年の秋から1933年の初めにかけての新たな流行によって1000人以上の患者が発生した．以後，1940年の小規模な流行を除けば，この病気の目立った流行はない.」とドイツの内科学ハンドブックに記載されている．ハッフ病については，ロシアのオネガ湖近くの小さな湖の周りでこの病気が発生していたことが新聞記事から推察されるが，これ以外に大きくとりあげられた報告や記事は見あたらない．

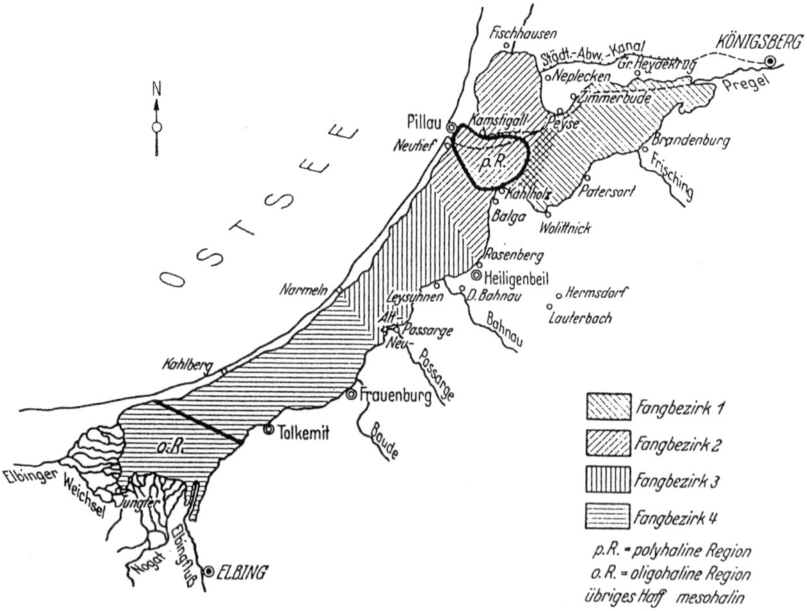

図1•1　ハッフ病が発生したケーニッヒスベルグ近郊のHaffの地図（1章の文献1より引用）

この病気は何の前触れもなく，数度にわたって突然筋肉の激しい痛みが襲いかかってくる．特に，ふくらはぎ，腕，首の後ろといった所の筋肉の痛みが数分から時には数時間にわたって続く．筋肉の痛みはやがて全身の筋肉へと広がるが，顔と頭には影響がないようである．皮膚にわずかに接触したり，体を動かそうとしたりすると激しい痛みが襲ってくる．患者は完全に硬直した状態になる．しかし，関節は痛みをともなうが，動かすことができる．腕の筋肉を摘(つま)んだ感じでは，通常の状態より柔らかく感じられる．呼吸が苦しい状態になることから，呼吸筋にも影響しているらしいことが推察された．患者に精神的障害はみられなかった．腹筋の痛みのためか，排尿ができない場合が多く見られた．症状がやわらいだ後の尿は暗褐色を呈し，アルブミンの混入がみられた．症状が収まった後，数時間から数日で尿はきれいになってきた．検査の結果，尿中の赤い色素はヘモグロビンではなくミオグロビンであった．この病気の死亡率は約1％前後であった．死因は通常の場合，腎(じん)不全による尿毒症によるものであった．

この症状は患者が魚を食べてからおよそ18時間前後から現れるが，魚を食べた直後に最初の発作が起きた例もあった．処置としてはベッドで安静にして身体を暖め，汗をかくと快方に向かうようであった．流動食をとるのも効果的な処置であった．

ケーニッヒスベルグの湖周辺では，漁師が主に発病し，その80％が男性であった．漁師以外では男女の患者数はほぼ同じであり，子供の患者は希であった．

湖では魚を餌(えさ)とする鳥の死骸(がい)が多く浮かんでいた．また，岸辺に魚やカエルの死骸が多く打ち上げられていた．岸辺に打ち上げられた魚を食べたネコは体をけいれんさせて即座に死亡した．病理解剖の所見からは明確なものは何も見いだせなかった．原因の魚として最も多い例がウナギであったが，カワカマス（pike）やカワミンタイ（burbot）などの魚やそれらの魚の肝臓を食べて発病した例もかなりあった．バクテリア，ウイルス等から無機性毒物までの可能性が検討された．当初，湖近くの硫黄工場の廃水から毒物が流れ出たと推測されたが，調査の結果否定された．また，他の研究者はこの病気はセレン，特に水酸化セレンによる中毒ではないかと考えていた．事実，数人の患者の尿からセレンと一緒にテルルや砒(ひ)素も検出されたが，魚を分析した結果からこれも否定された．原因が特定できないままこの調査は終了してしまった．

1942 年にスウェーデンのイムセン（Ymsen）と呼ばれる小さな湖の周りで起きた奇病は，ハッフ病の原因を考えるには良い例となった．この湖は周囲約 8 km，最大幅約 3 km の浅い湖で，南北に伸びて泥炭地につながっている．東西は木の繁った丘に接している．数本の小川から水が流入し，湖の南端の川から流出して 8 km 先のティダン（Tidan）河にそそいでいる．湖の深さは 2〜2.5 m で，最深部で 3〜4 m である．湖岸の大部分はヨシ（アシ）でおおわれていた．プランクトンとしてアナベナ（*Anabaena*，シアノバクテリアの一種）が優占種であり，ミジンコも多く観察された．この湖はスウェーデンでも有数の魚の豊富な湖で，19 世紀以降養殖も盛んに行われてきた．湖の周りの人々のほとんどは漁業にたずさわって生計を立てていた．ここの湖の周りや水の流入域に工場は見あたらなかった．湖の周りには二，三軒のアパートがあるだけであった．報告によれば，イムセン湖でハッフ病が発生した当時，湖では魚の死亡が通常よりかなり多くなり，飛べなくなった鳥がたくさん死んでいたということである．また死んだ魚を食べたネコもたくさん湖岸で死んでいるのが見られていた．イムセン湖の近くの青キツネ（blue fox）を飼育している所で，湖の魚を餌にしたところキツネは即座に死亡したということである．

1942 年の 2 月に最初の患者が現れ，1943 年 4 月に 11 人目の最後の患者がでた．患者のうち 7 人は 1 回だけの発作でおさまったが，1 人は 2 回の発作，2 人は 3 回の発作を起こしておさまった．16 歳の少女は 7 回もの発作を起こし，危険な状態にあった．すべての患者は発病の前に魚を食べていた．魚はウナギまたはカワミンタイとその肝臓であった．カワミンタイの肝臓を食べた時に発作が強く起きているようであった．患者は漁師とその家族がほとんどであった．症状は，魚を食べた後急に脚や背中が痛み，その痛みは急速に全身に広がるが，頭にまではおよんでいなかった．結局，11 人の患者のうち 2 人が死亡し，その死因は 1 人が尿毒症で，もう 1 人が敗血症であった．病気の原因として，二，三の家族では同じ魚を食べても発病していないことから，多量の魚を食べたことによってアレルギー症状を引き起こした可能性がある，特にカワミンタイの肝臓が危険であると担当医は指摘していた．病気の原因は湖水と関係があるのではないかという説を唱えた研究者もいたが，あまり支持されていなかったようである．

当時，シアノバクテリアが強い毒素をつくっていることは知られていなかった．今日ではこのハッフ病の原因は，湖沼に発生していたシアノバクテリアの一種のアナベナの毒素によるアレルギー症状の可能性が高いと考えられているが，現在もその毒素の構造や毒性についてはほとんどわかっていない．シアノバクテリアには構造や毒性のわからない毒素がまだかなりあると考えられている．

1•2　パーム島の奇病（突発性肝炎）

1979 年の 10 月，オーストラリアのパーム島のソロモンダムでは悪臭を放つシアノバクテリアが大量発生していた．水道水の質の低下，特に悪臭には住民から激しい抗議が寄せられるので，水道担当者は水質の管理には神経をとがらせていた．この悪臭を放つシアノバクテリアを撲滅するために種々のテストが繰り返されていた．そうして短期間の間に有効な方法が見つけられたのである．1 ppm の硫酸銅をダムに散布すれば撲滅できるというのである．11 月になって再びシアノバクテリアが発生し始め，11 月 12 日と 14 日の間に，1 ppm になるように硫酸銅が散布された．

ソロモンダムは 1978 年の暮れから最初の貯水が始まったばかりのダムであった．当初，この病気の原因は化学物質による中毒だと考えられていた．しかし，原因となるような物質は見つけられなかった．疫学調査から，アボリジニの居留地域に住む136人が肝臓疾患に罹(かか)っており，患者の年齢は2歳から28歳で，44％は5歳から14歳の子供，23％は5歳未満の幼児であった．最終的な患者数は149人に達した[3]．これらの家族同士の接触がなかったことから，伝染性のものではないと考えられた．近くの滑走路のそばに住む約50人の人達には何の症状も見いだせなかった．これらの家では，患者達の家が水道水の供給を受けているのに対して，水道水ではなく浅い井戸水を何の処理もしないで使用していた．100人の学童の調査では，当日彼らは水道水を溜(た)めた井戸で冷やしたグリーンマンゴーを食べ，その井戸の水を飲んでいた．老アボリジニは「昔からグリーンマンゴーをたくさん食べると病気になると言い伝えられている」と述べていた．

調査では肝臓障害を起こすような薬物はこの島から見いだせなかったし，発病当日にはカビを用いた発酵食品や異常な味のするような食品も販売されていなかった．このことからカビ毒やバクテリアの毒も否定された．疫学調査ではいろいろな可能性を検討したが，状況を矛盾なく説明できる原因は特定できなかった．

その後，ソロモンダムのシアノバクテリア説を唱えた研究者が現れた[4]．クイーンズランド州保健省に所属していた彼は，まず，発病した子供達は全員予防注射をしており病気に罹っているものはいなかったこと，乳児とほとんどの大人（10人は発病したが）は発病していなかったこと，病院の診断では急性中毒と診断されていたこと，患者の発生はパーム島だけであり，しかも水道水供給地域だけであること，水道水を使っていない滑走路付近の住民に発病者がいないこと，発病はソロモンダムのシアノバクテリアを駆除するために硫酸銅を散布した直後から起きていることなどから，飲料水源であるソロモンダムに原因があるのではないかと考えた．以前から，浅い淡水湖沼やダムでシアノバクテリアが大量発生し，家畜の死亡原因になったことが知られていたが，人にも同じように疾病を引き起こすことはほとんど知られていなかった．その後の調査で，シアノバクテリアが人の消化器の疾病を引き起こすことが明らかにされた．また，シアノバクテリアの有毒因子は細胞内毒素であり，細胞の死や機械的な細胞の破壊によって遊離すること，かなり安定な毒素であり，オーストラリアの通常の浄水処理では除けないこと，毒素の何種類かはシアノバクテリアのミクロキステス（*Microcystis*），アナベナ，ノストック（*Nostoc*）によってつくられていること等が明らかにされた．

この調査研究から，1983年にクイーンズランド州保健省は「パーム島における突発性肝炎はソロモンダムに発生したシアノバクテリアのミクロキステス，アナベナまたはノストックの一種または数種類のシアノバクテリアの毒素が硫酸銅処理で遊離し，水道管を通って供給されたものと考えられる．しかし，子供が主に発病した理由については不明である．可能性として，1）子供達が水道水をたくさん飲んだから，あるいは2）子供達のシアノバクテリア毒に対する感受性が高いから，等が考えられるが，結論を出すには，最近できたダムでシアノバクテリアと硫酸銅処理による毒素の挙動をモニタリングして，もっと科学的な情報を得ることが必要である．」と報告した．

最近の研究では，ソロモンダムで発生したシアノバクテリアはシリンドロスパモプシス・ラシボルスキー（*Cylindrospermopsis raciborskii*）（図1・2）で，その主要毒素はシリンドロスパモプシンというアルカロイドであり，

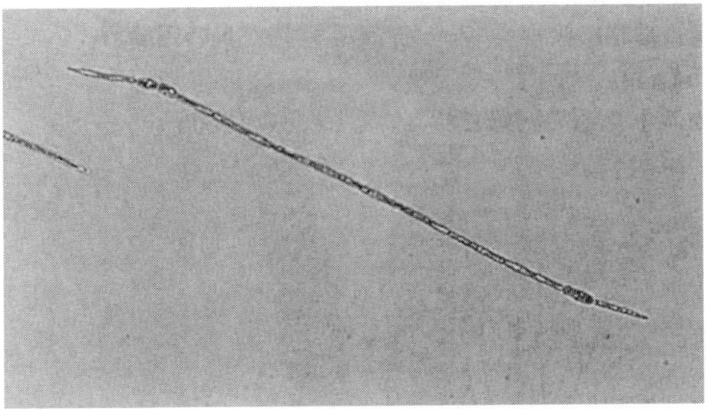

図1・2　シリンドロスパモプシス・ラシボルスキー *Cylindrospermopsis raciborskii*
（写真提供：渡辺眞之）

主に肝臓を標的臓器とするが，腎臓や脾臓にも影響があることが明らかにされている．マウスの腹腔内投与による LD_{50}（半数致死量：毒性の強さの指標）は 200 μg/kg である．

1·3　上海の肝臓ガン多発地帯

1994 年と 1995 年の調査によれば，中国における肝臓ガンの発ガン率は人口 10 万人当たり 24 人で，最も発ガン率の高いガンである．第 2 位は胃ガンである．ところで，上海近郊に肝臓ガンの多発地域として有名になった地域がある．上海近郊のルドン（Rudong），ナンフイ（Nanhui）およびフスイ（Fusui）地区では掘割をつくり，飲み水用として利用してきた．これらの地域の肝臓ガンの発ガン率は 10 万人当たり 100 人にも達していた[5]．

一方，揚子江の水を引き入れて飲料水にしているクイドン-ハイメン（Qidong-Haimen）地域では，肝臓ガンの発ガン率は 10 万人当たり 20 人であった．また，深井戸の水を使っている人達の場合は 10 万人当たり 10 人と低くなっていた．肝臓ガンの原因究明のための疫学調査が行われ，主食のトウモロコシに付着したカビの毒素であるアフラトキシン（肝臓ガンを起こす作用がある）と，飲み水中のミクロシスチン（肝臓ガンを起こしやすくする作用がある）が，B 型肝炎ウイルスとともに肝臓ガン発生にかかわっているのであろうと推定された[6]．

中国政府の肝臓ガン撲滅政策の結果，最近では肝臓ガンの発生率が急激に低下してきているそうである[7]．

1·4　シアノバクテリアによる中毒事故

その 1

1959 年カナダのサスカッチワンでは，シアノバクテリアによる多くの家畜の死亡事故が起きており，水遊びが禁止されていたにもかかわらず，湖で

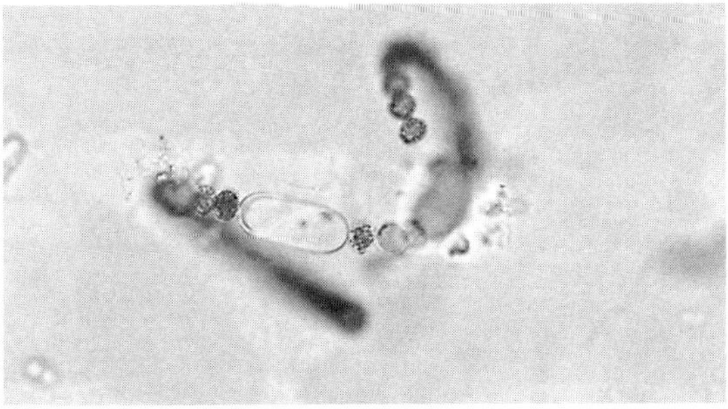

図 1·3　アナベナ・サーシナリス *Anabaena circinalis*（写真提供：渡辺眞之）

泳いだ人がシアノバクテリア毒による被害にあっていた．13 人が頭痛，吐き気，筋肉痛，腹痛を伴う下痢を訴えた．患者の一人である医者は遊泳中にあやまって約 300 m*l* の湖水を飲んでいた．彼の排泄（せつ）物中にはおびただしい細胞数の有毒のシアノバクテリア（*Microcystis* spp.や *Anabaena circinalis*；図 1·3）が検出されたことが報告書に記載されている[8]．

その 2

1970 年代から最近まで，オーストラリアのニューサウスウエールズ州のアルミダール市では，シアノバクテリアが発生している水源の水を飲料水として用いていた．水源であるマルパスダムは飲料水処理施設より 150 m 高い台地にあり，20 km のパイプラインでつながっている．処理施設では，一次塩素処理，アルム（硫酸アルミニウム）によるけん濁物質の沈殿除去，砂濾（ろ）過，二次塩素処理とフッ素添加をして給水していた．水源では周りの地理的な状況で常に一定方向からの風が吹いていた．水面に集積したシアノバクテリアは風下にある取水口周辺に吹き寄せられて，取水口の周りはシアノバクテリアが堆（たい）積していることがよくあった．水道局はシアノバクテリアを駆除するためにしばしば硫酸銅を散布してきた．

1981 年は特にシアノバクテリアのミクロキステスが大量発生した．ただちに硫酸銅が散布され，苦情の多かった水道水の味や臭（にお）いが改善された．このような状況を基に，マルパスダムの水を飲料に用いている地区の住民と，シアノバクテリアの細胞数がきわめて少ない他のダムの水を飲んでいる地区の住民の肝機能を調べる血液検査が，6週間にわたって行われたことがあった．硫酸銅を散布する前のマルパスダムの水を飲んでいた人達の γ-グルタミルトランスフェラーゼー（γ-GT；肝臓の機能が悪くなると血液中に漏れ出てくる）は他の水を飲んでいる人達とほぼ同じだったが，マルパスダムに硫酸銅が散布された直後から，通常の2倍近い値になっていた（酵素の活性を国際単位IUで表す．通常55〜75の範囲にあり，平均値は60前後である）．臨床的所見としてはミクロキステスの毒素による肝機能障害と診断された[9]．

その3

1988年ブラジルのバヒア（Bahia）のパウロ・アフォンソ（Paulo Afonso）地区で，新たに造られたイタパリカダムの水を飲んだ人達2000人以上が胃腸疾患を発症し，88人が死亡した事故があった[10]．患者から採取した血液および尿中の病原菌，ウイルス，毒素の検査が行われた．また，飲料水中の重金属と微生物の検査も行われた．水道水からシアノバクテリアの細胞と毒素が検出されたほかは，疾患に結びつくような微生物や毒物は検出されなかった．患者の発生地域は新造のダムの水を供給している地域と一致していた．処理前の原水にはシアノバクテリアのアナベナとミクロキステスのコロニーが1 ml 当たり1140〜9755個見いだされていた．これらのコロニーに含まれる細胞数はまちまちであったが，最も小さいものでも100個の細胞を含んでいた．また，患者の中には煮沸した水道水以外飲まなかった人達もいた．これらの状況証拠から，水源のダムに発生したシアノバクテリアの毒素が水道水とともに家庭に送られ，これを飲んだ人達が胃腸疾患を発症したものとされた．当時，シアノバクテリアの毒素は煮沸しても壊れないということを知っている水道関係者は少なかったのである．

その4

1989年イギリスで，陸軍の新兵訓練の一環として，有毒シアノバクテリアのミクロキステスが大量に発生している湖で水泳とカヌーの訓練が行われた．訓練後，20人の新兵中10人が中毒症状（嘔(おう)吐，下痢，腹部中央部の痛み，唇の水泡，喉（のど）の痛み等）を訴えた．新兵の中の2人は重い肺疾患を発症し，呼吸困難を呈していた．肺疾患はミクロキステスの毒素によるものと診断された．中毒は水泳訓練と湖水の誤飲によるものと断定された[11,12]．

その5

1996年2月，ブラジルのカルアル市〔Caruaru，パーナンブコ州（Pernambuco）の州都レシフ市（Recife）から134 kmの距離にある鉱山の町〕の人工透析センターで，透析中の患者136人のうち86％にあたる117人が発病した[13]．症状は視力障害，下痢，嘔吐，筋無力，痛みを伴う肝軟化症等であった．間もなく，そのうちの100人は急性の肝機能不全に陥り，50人が死亡した．前年の1995年の10月にも同じような症状で49人が死亡しており，「カルアル症候群」と呼ばれていた．肝臓の病理学的所見は，シアノバクテリア毒であるミクロシスチンを投与した実験動物の肝臓のそれときわめて類似したものであった．この事故の最初の報告は1996年の3月初旬にパーナンブコ州の医学・公衆衛生局から出され，「病害虫または微生物による感染」との見解が示されていた．しかし，これまで世界各地で発生している有毒シアノバクテリアによる中毒例と比較すれば，この事故が有毒シアノバクテリアによるものであることが推定できたはずである．また，少なくとも，1990年頃から市の飲料水源にミクロキステス，アナベナ，シリンドロスパモプシス等のシアノバクテリアが大量発生していたとの報告があったにもかかわらず，残念ながら，見解が見当違いであったために，市の飲料水源に発生しているシアノバクテリアの細胞を調べることも，毒素の検査をすることもなされなかった．1996年の3月29日に採取した原水には，アファニゾメノン（*Aphanizomenon*），プランクトスリックス，スピルリナ（*Spirulina*）等のシアノバクテリアが1 ml当たり平均24500細胞も検出されていたのである．

死亡事故の後の事故調査委員会の調査で，人工透析センターに設置されていた浄化装置の活性炭からシアノバクテリア毒のミクロシスチンが検出された．また，発症者と健康者の血清と肝臓組織が採取され，パーナンブコ州の保健局とアメリカのアトランタにある疾病センターに送られた．アトランタの疾病センターではシアノバクテリア毒を特定する分析を中心に検査が進められた．検査の結果，シアノバクテリア毒のミクロシスチンがすべての発症者の血清と肝臓組織から検出された．検出濃度は血清 1 ml 当たり 10 ng 以上，肝臓組織 1 mg 当たり 0.1〜0.5 ng であった．検出されたミクロシスチンは 3 種類の同族体で，ミクロシスチン-YR，-LR および-AR と同定された．ブラジルの保健局では動物実験を行って，毒性の強さ，および発症者がどの程度のミクロシスチンに暴露されたかを調べ，今後，長期間にわたって健康管理を行うとともに，肝臓疾患やガンの発生頻度などのデータをとることになったそうである．

この事故の最終報告には「人工透析センターでの多数の死亡事故は，飲料水源で大量発生したシアノバクテリアの毒素であるミクロシスチンを含む水が原因である．また，本来ならば，浄化装置で除けるはずのミクロシスチンが，ほとんど機能しない浄化装置を用いたためにそのまま人工透析器に入ったことが被害を大きくした原因である．」と記載されている．

2　シアノバクテリアの正体

2·1　名前の由来

名前にあるように，シアノバクテリアはバクテリア（細菌）の仲間である．バクテリアの前に付いているシアノ（Cyano）はラテン語の“青”という意味である．つまり，シアノバクテリアは「青い細菌」という意味らしい．しかし，「青い細菌」とは何のことであろうか．まず，細菌とはどのような生物かを調べてみると，ウイルスを除く地球上のすべての生物を５つの界に分けた R. Whittaker[1]によれば，生物は動物界，植物界，菌界（キノコ等），原生生物界およびモネラ界の５界から構成されており，細菌はモネラ界に属している（図2·1）．モネラ界は古細菌群と真正細菌群からなり，シアノバクテリアは多くの病原菌と同じく真正細菌群に属することになる．また，動物界，植物界，菌界および原生生物界の生物は膜で囲まれた核とミトコンドリアなどの細胞小器官を持つ真核生物であるが，モネラ界の生物は核膜を持たず，明確な細胞小器官のない原核生物に属する．生物の進化は，モネラから原生生物へ進化し，原生生物から植物，動物および菌へとさらに進化していったと考えられている．したがって，シアノバクテリアは原核生物であるということになる．次にシアノであるが，シアノバクテリアは何種類かの色素を持っている．クロロフィル a（緑色），フィコシアニン（青色），フィコエリスリン（赤紫色），β-カロテン（黄色）[2]などである．これらの色を混ぜ合わせると，緑青色になる．この色がシアノなのである．

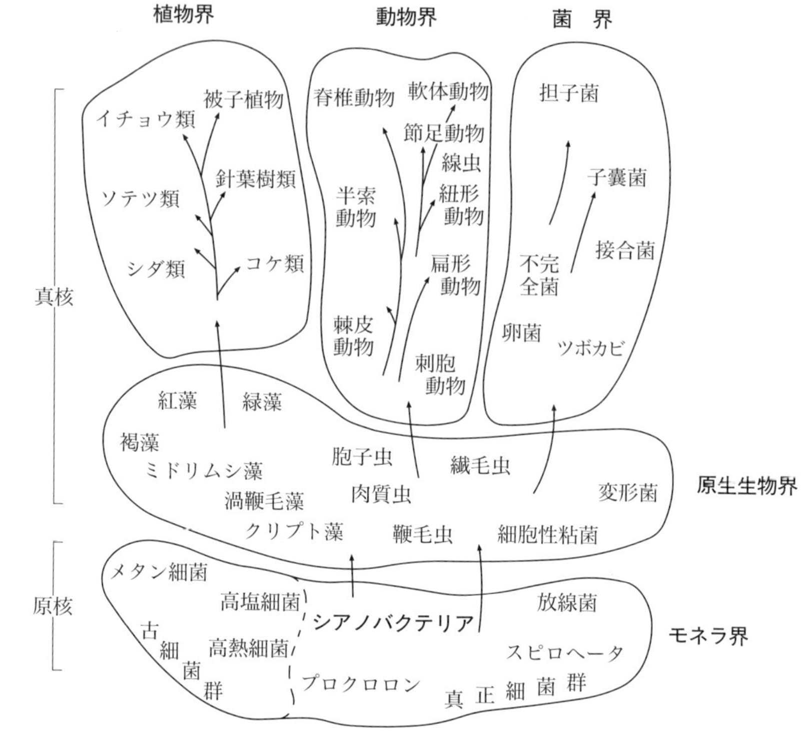

図 2・1　生物系統の 5 界図式
渡辺泰徳「アオコの生物学と生態」(渡辺真利代・原田健一・藤木博太 編『アオコ—その出現と毒素』東京大学出版会) より一部改変して引用.

クロロフィル a があることは酸素発生型の光合成をすることを示している. シアノバクテリアとは緑青色をした原核生物で, 酸素発生型の光合成をする微生物ということになる. しかし, 最近は, 緑青色ではなく, 茶色ないし赤紫色をしたシアノバクテリアが発見されている[3]. これは青色のフィコシアニンより赤紫色のフィコエリスリンが圧倒的に多いためであるが, これらもシアノバクテリアの仲間である.

2·2 系統

およそ46億年前に誕生した地球は熱い火の玉であったそうである．徐々に温度が下がり，約35億年前になって生物が生きることができる温度になったと考えられている．原始の地球の大気の組成は今と異なり，窒素，水，二酸化炭素，一酸化炭素等が主な成分であったそうである．つまり，酸素がなかったと考えられている．また，高温と雷による放電で，アミノ酸や核酸塩基等が生成し，原始の海にかなりの濃度で存在していたと推定されている．このような環境で誕生した最初の生物は，酸素を必要としない嫌気性の従属栄養（細胞外の有機栄養分を細胞内に取り込んで生活する生物．相対する言葉として独立栄養という言葉がある．これは炭素や窒素などの無機物を細胞内に取り込み，有機物に変換して栄養源とする生物で，植物がこれに属している）原核生物だったであろう[4)]．やがて，原始の海の有機物が消費されて利用しにくくなると，太陽のエネルギーを利用する原始独立栄養原核生物（原始光合成原核生物）が出現したであろう．この生物が進化し，エネルギー効率のよい水を電子供与体として利用することができるシアノバクテリアが，有機物の少なくなった原始の海をわが物顔で活動していたに違いない．つまり，酸素発生型の光合成生物の世界が出現したのである[5)]．やがて，シアノバクテリアから放出された酸素（O_2）の濃度が増し，一部は成層圏に昇り，太陽光紫外線でオゾン（O_3）となっていったと考えられている．オゾンが太陽光中の有害紫外線を吸収し，無害な光へと変えていった．それに伴って，これまで海中でしか生活できなかった生物が生活の場を陸上へと広げていったと推測されている．大気中の酸素の生みの親であるシアノバクテリアは，「ストロマトライト」化石として見いだされる．わずかではあるが，ストロマトライトは今もオーストラリアの南の海岸で大気中に酸素を供給し続けている．

最近の研究では，すべての真核生物はとても古い昔に原核生物が別の原核生物の細胞内に共生した結果生まれたという「共生進化説」が確からしくなってきている[6]（図 2•2）．原核生物はバクテリア以外のすべての生物のご先祖様ということになるのであろうか．

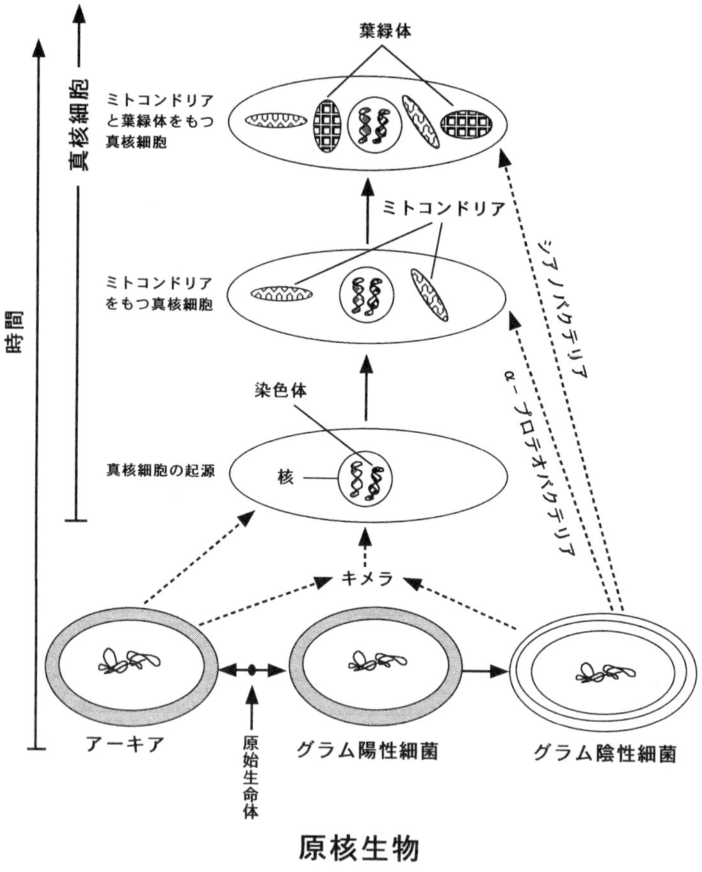

図 2•2　共生による真核生物の起源と進化
渡辺　信「地球をはぐくんだ生命体：藻類」（『遺伝』54 巻 9 月号「特集・藻類と地球環境」）より引用．アーキア：古細菌．グラム陰性細菌には α-プロテオバクテリアやシアノバクテリアが含まれる．ミトコンドリアの起源は α-プロテオバクテリア，葉緑体の起源はシアノバクテリアであると考えられている．

2·3 種類

細菌の中にシアノバクテリアというグループがあると述べた．シアノバクテリアには淡水で生息するもの，海水で生息するもの，そして淡水と海水が混ざった汽水で生息するものがいる．淡水を生活の場とするシアノバクテリアは海水や汽水が苦手なようである．同様に海水を生活の場としているシアノバクテリアは淡水や汽水には棲(す)みにくいようである．しからば，汽水に生息するものは淡水でも海水でも棲めるかといえば，「かなり難しい」という答えになる．つまり細胞は死なないまでも，正常な生活ができなくなるようなのである．これは塩濃度の違いが生理機能の根本にかかわるからであろう．汽水にいるシアノバクテリアは海水では塩分が濃すぎるし，淡水では薄すぎる．彼らは程良い塩加減が好きということになる．

細菌に桿(かん)菌，球菌や連鎖状球菌などの形の違う種類があるように，シアノバクテリアにも細菌と同じような形状をしたものがいる[7]．しかし，細菌と

表2·1 アオコを形成する主なシアノバクテリアの分類

クロオコックス目	Chroococcales
ミクロキステス属	*Microcystis*
ボロニチニア属	*Woronichinia*
ユレモ目	Oscillatoriales
アルトロスピラ属	*Arthrospira*
プランクトスリックス属	*Planktothrix*
トリコデスミウム属	*Trichodesmium*
オッシラトリア属	*Oscillatria*
ネンジュモ目	Nostocales
アナベナ属	*Anabaena*
アファニゾメノン属	*Aphanizomenon*
シリンドロスパモプシス属	*Cylindrospermopsis*
グロエオトリキア属	*Gloeotrichia*
ノジュラリア属	*Nodularia*
ラフィディオプシス属	*Raphidiopsis*
スチゴネマ目	Stigonematales
ウメザキア属	*Umezakia*

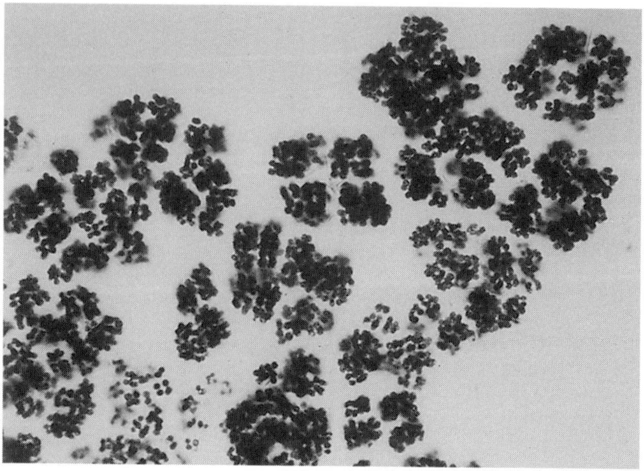

図2・3 ミクロキステス・ビリデス *Microcystis viridis*（写真提供：渡辺 信・李 仁輝）

異なり，生理や代謝に特徴がなく，生理的違いや代謝の違いを基に分類するのは困難なようである．そこで，どうしても，形態を基本とした分類にならざるを得ないのである．

有毒シアノバクテリアについていえば，球形をしたものに，ミクロキステス（*Microcystis*）（図2・3）という属（genus）がある．細胞の直径は3〜7 μm である．コロニー（細胞が集まってつくる塊）の形と細胞の大きさを根拠にいくつかの種（species）に分類されている．また，細胞が連なって繊維状になるプランクトスリックス（*Planktothrix*）〔旧名，オッシラトリア（*Oscillatoria agardhii* など）〕（図2・4），ノストック（*Nostoc*），シリンドロスパモプシス（*Cylindrospermopsis*），ノジュラリア（*Nodularia*），アファニゾメノン（*Aphanizomenon*）などがあり，細胞の形や繊維状の末端の形，シースと呼ばれる鞘(さや)の厚さなどの形態的違いが分類の基本であるが，最近は細胞膜を構成している脂肪酸分子種の割合の違いや，DNA を構成しているグアニンとシトシン（GC）の含有量の違いによっても何種類かの種に分けられている．いわゆる化学分類と呼ばれている手法である．

連鎖状球菌に似た種類としてアナベナ（*Anabaena*）（図2・5）という属

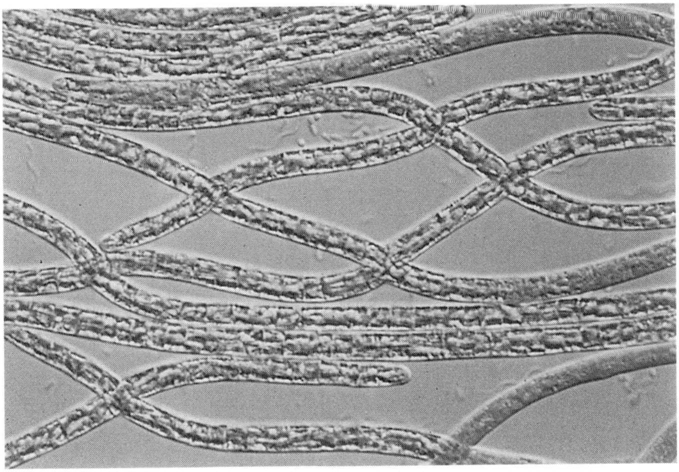

図2･4 プランクトスリックス・アガディ *Planktothrix agardhii*（写真提供：渡辺 信・李 仁輝）

がある．細胞の直径は5〜12 μm である．この中には，細胞がらせん状に連なっているもの，直線的に繋(つな)がっているもの，輪のように繋がっているものなどがあり，それぞれ，別の種とされている．

現在，淡水に生息する有毒なシアノバクテリアとして知られているものには，ミクロキステス属，プランクトスリックス属，アナベナ属，アファニゾメノン属，シリンドロスパモプシス属，オッシラトリア属，グロエオトリキア属（*Gloeotrichia*）およびウメザキア属（*Umezakia*）（図2･6）等がある．

汽水ではノストック属と，バルト海で大量発生しているノジュラリア属が有名である．海水に生息している有毒シアノバクテリアは淡水のものほど注目されていない．直接人の体内に入る危険性が少ないからであろうが，魚介類を経由して人の体内に取り込まれる可能性もあるはずである．また，海水浴中に有毒なシアノバクテリアに接触し，皮膚炎を起こした例もある．海産の有毒なシアノバクテリアには有名なリングビア属（*Lyngbya*）がある．

最新の論文[8)]によれば，ミクロキステスの分類の根拠となっている細胞の

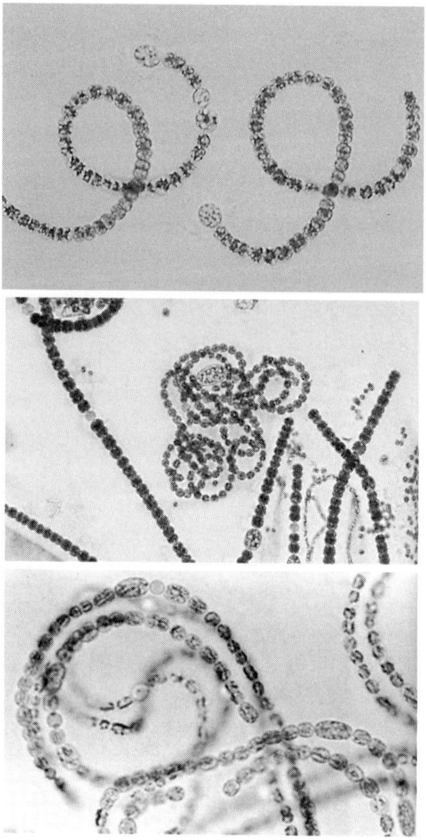

図2･5　上：アナベナ・スピロイデス *A. spiroides*（写真提供：渡辺　信・李　仁輝），中：アナベナ・フロス-アクアエ *A. flos-aquae*（写真提供：渡辺眞之），下：アナベナ・レメルマニ *A. lemmermannii*（写真提供：渡辺眞之）

大きさやコロニーの形態が培養条件によっていろいろな種のタイプに変化すること，あらゆるミクロキステスの種のDNAの中のGC含量がほとんど同じであること等から，ミクロキステスはミクロキステス・エルギノーサ（*Microcystis aeruginosa*）（図2･7）の１種のみではないかというデータが示された．この説によれば，ミクロキステスの細胞の大きさやコロニーの形態の違いによる分類は意味のないことになるのであろうか．

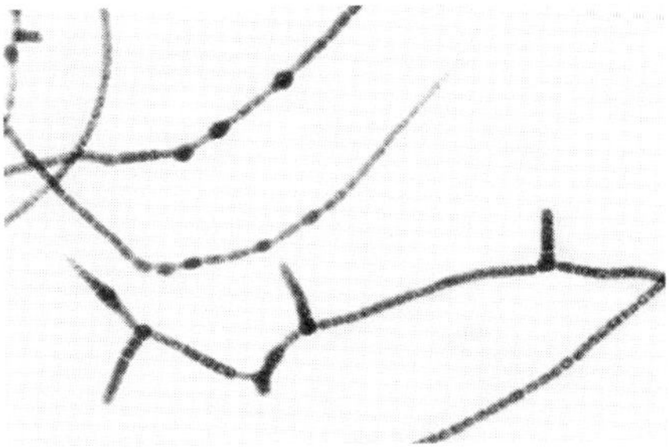

図 2·6　ウメザキア・ナタンス *Umezakia natans*（写真提供：渡辺眞之）

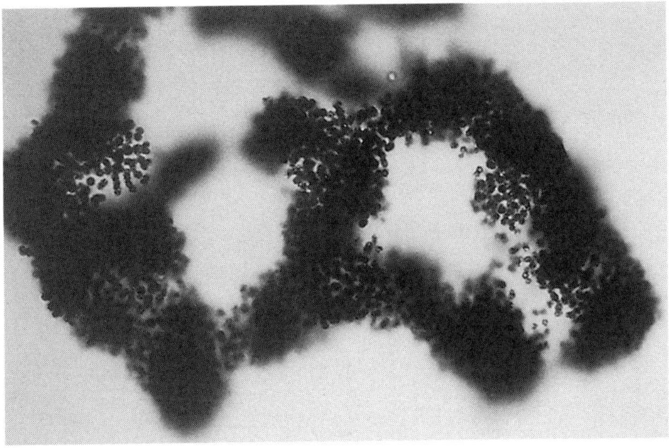

図 2·7　ミクロキステス・エルギノーサ *M. aeruginosa*（写真提供：渡辺　信・李　仁輝）

2·4　生態

シアノバクテリアには，住所不定で生涯定住しない種類と同じところに棲み続ける種類とがいる．住所不定の種類つまり浮遊性のシアノバクテリアは細胞内にガス胞を持っており，浮いたり沈んだりという生活をしている．日中太陽光がふりそそぐと水面または水面近く（好みの強さの太陽光を得るために適当な水深に留まる）に浮き上がり，酸素発生型の光合成を行う．光合成で細胞内のグリコーゲンなどの糖の濃度が高くなると，それに伴って浸透圧も上がり，浮き袋は小さくなる．細胞は浮力が小さくなり，沈んでいくことになる．時には水面から10 m以上も沈むこともある．暗い水中では光合成で貯めた糖がエネルギーに換えられるので，糖の濃度はしだいに低下し，浸透圧も下がる．浮き袋はしだいに大きく膨らみ，水面に浮き上がってくる．

浅い水底の石や岩の表面に張り付いて生活する付着性の種類もいる．有毒性という観点から見るとどちらも有毒であるが，付着性の種類の方がいろいろな毒を出しているようである．この解釈として，「浮遊性の種類は波まかせ，風まかせで移動できるが，付着性の種類は移動できないので，自分のテリトリーを守るために，競合する生物や天敵から身を守る物質を出しているのであろう.」と考えられている．

シアノバクテリアの生活の特徴は先にも述べたように，バクテリアでありながら植物と同じように酸素発生型の光合成を行うことである．しかし，エネルギーの伝達が少し異なっている．まず，アンテナ色素と呼ばれるフィコビリン色素が太陽光をキャッチし，光エネルギーを電子エネルギーに変換する．このエネルギーをクロロフィル *a* が受け取り，光合成を行う．フィコビリン色素にはフィコシアニンという色素（吸収極大620 nm，青インクのような色）とフィコエリスリンという色素（吸収極大560 nm，赤紫色）の2種類がある（図2･8)．通常，フィコシアニンの含有量が多く，フィコエリスリンはごくわずか含まれているか，あるいはほとんど含まれていない．しかし，水面下にはフィコエリスリンを大量に含むプランクトスリックス（ヨーロッパで発見された）やミクロキステス（中国，タイで発見された）などのシアノバクテリアがいる．フィコエリスリンの吸収極大が560 nmであるのは緑色を吸収するからであるが，ここにフィコエリスリンを持つシアノバクテリアの戦略が読みとれる．つまり，水面に繁茂する水草やフィコシアニンを持つシアノバクテリアが利用していない緑色の光は水中まで届くことになる．この緑色を利用することにより，競争相手の少ない水中で生きていけるのであろう．1990年の夏，琵琶湖の北湖でシアノバクテリアの採集

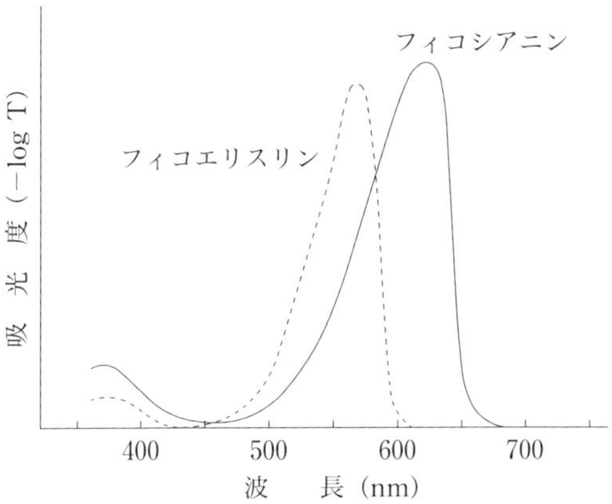

図 2･8 シアノバクテリアの光合成色素であるフィコエリスリンとフィコシアニンの可視光吸収スペクトル

を行った時，水面下 6〜7 m の間の水だけが赤い色をしていた．赤い色はシアノバクテリアの一種であるシネココッカス（*Synechococcus*）の色で，色素はフィコエリスリンであった．

光合成の材料となる炭素源は陸上植物のように空気中の二酸化炭素ではなく，水に溶けた二酸化炭素である．空気中の二酸化炭素は水に溶けた時，水の pH によってその存在形態が変わる（図 2･9）．酸性（pH 4 以下）では二酸化炭素，弱アルカリ（pH 8）では炭酸水素イオン，アルカリ（pH 12 以上）では炭酸イオンとなる．従って，中性（pH 7）では二酸化炭素と炭酸水素イオンが共存していることになるし，中程度のアルカリ（pH 10）では炭酸水素イオンと炭酸イオンとが共存していることになる．ほとんどのシアノバクテリアは弱アルカリ（pH 8〜9）を好むので，炭素源は炭酸水素イオンということになるのであるが，希に pH 6 前後で増えるひねくれたシアノバクテリア（ミクロキステス・エルギノーサ）もいるようである．この場合，水中の二酸化炭素の形態は二酸化炭素（50 %）と炭酸水素イオン（50 %）である．もし，炭酸水素イオンしか利用できないとすれば，かなり効率の悪い生活をしていることになる．だが，効率の悪さを受け入れなけれ

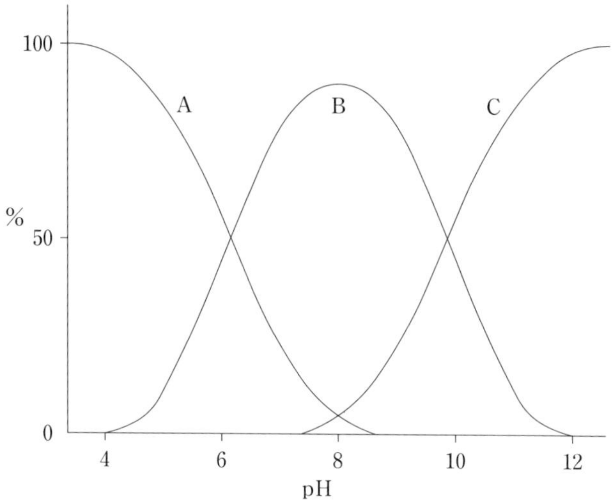

図 2･9　水中の pH と溶存炭酸の形態
A：CO_2，B：HCO_3^-，C：CO_3^{2-}.

ば，ひねくれ者の意地が通せないのであろう．

シアノバクテリアの仲間には，根粒バクテリアのように空気中の窒素を固定する能力のあるものがいる．空気中の窒素を固定できないシアノバクテリアは，水に溶けている硝酸やアンモニアをイオンの型で取り込んで栄養源としている．硝酸イオンの場合，これを還元してアンモニアにして利用している．窒素ガス（N_2）を利用するシアノバクテリアにはアナベナ，アファニゾメノン，シリンドロスパモプシス，ノジュラリア，ノストックなどがいる．これらは細胞が数珠(じゅず)状に連なっているか，繊維状に連なっている種類である．顕微鏡で見ると，細胞が連なっている中に色の薄い細胞と大きめの細胞が見える．色の薄い細胞が窒素固定を専門に行っている異質細胞（ヘテロシスト），大きめの細胞が栄養細胞（アキネート）と呼ばれている（図 2･10）．アキネートは環境が悪くなると休眠胞子になる細胞である．ヘテロシストは自らエネルギーを生産せず，隣の（栄養）細胞から連絡通路を通して栄養（糖）をもらい，このエネルギーと光合成系の［I］を利用して空気中

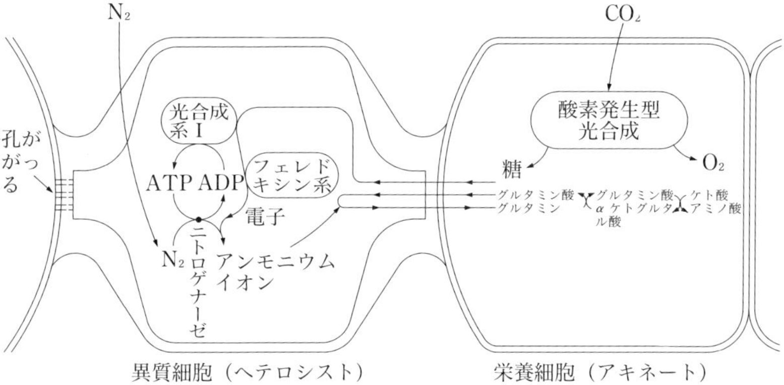

図 2・10 異質細胞と栄養細胞間の代謝相互作用（Dworkin，1991 および Stanier *et al*., 1986 より改変）

の窒素をアンモニアに変える酵素（ニトロゲナーゼ）を動かしている．ニトロゲナーゼは隣の細胞から送られてきたグルタミン酸にアンモニアを渡し，グルタミンとして隣の細胞に送り返している．このようにして空気中の窒素はアミノ酸へ，アミノ酸からタンパク質へと組み込まれていくのである．一見，単なる細胞が連なっているだけのように見えるが，みごとに機能分化した細胞間の連携によって生活が営まれているのである．

また，シアノバクテリアの細胞にはリンを貯める貯蔵顆粒（か）や窒素を貯める顆粒があるらしい．根拠は，完全培地で生育した細胞をリンを極端に少なくした培地に移すと，特定のある顆粒が小さくなり，しまいには見えなくなってしまうこと．次に，この培地にリンを加えると先ほど小さくなった顆粒が再び大きくなってくるのが観察されることである．このような実験からリン酸貯蔵顆粒の存在が推定されている．窒素を貯める顆粒（シアノフィシン粒）も同様の方法で推定されている．

3　シアノバクテリアの発生条件

シアノバクテリアが大量発生するのは窒素やリンの多い湖沼であるといわれているが，大量発生するための条件はその他にも温度や光，水の酸性度（pH）などが微妙に関連している．また，湖沼に棲む水生生物も重要な役割を担っていることもわかってきた．

3･1　温度

シアノバクテリアが水面に集積した状態をアオコと呼んでいる．表層ではミクロキステスの場合，1 ml 当たりの細胞数は 10^9にも達してマット状〔英語ではスカム（scum）と呼ばれている〕になる．時にはその厚さが 1 m 以上にもなることがある[1]．ミクロキステスは高水温（15 °C以上で増殖可能で，最適温度は 25 °C以上）を好むため，熱帯から温帯にかけて広く分布している．温帯域での発生は 4 ～11 月初旬で，水温が高くなる 7 ～10 月初め頃まで，アオコ状のミクロキステスが観察される[2]．

アナベナやアファニゾメノンはミクロキステスより低温を好み（最適温度は 25 °C以下），夏の水温が比較的低い北部ヨーロッパやカナダなどの高緯度地域に発生する．日本では，宮城県以北の秋田県，北海道などでよく見られる．これらの地域では 5 ～ 6 月にアナベナが発生し，水温が高くなる 8 ～ 9 月にミクロキステスが発生し，10～11 月に再びアナベナが発生してアオコ状になることがしばしば見られる．

図3・1　ドイツ北部ノイグロブソウ近郊の湖のアオコ（ミクロキステス）
風下の岸辺に吹き寄せられているアオコ．

プランクトスリックスはアオコ状にはならないが，湖沼の透明度を20 cmくらいにしてしまうほど増殖する場合もある．低温でも増殖可能で，年間を通して増殖することができる．北部ヨーロッパではフィコエリスリンを多く含むプランクトスリックスで湖面が赤くなったり，湖面に張った氷が赤く見えたりすることもある．

琵琶湖や霞ヶ浦から取水している水道水が夏場にかび臭いことがあるが，これもシアノバクテリアが原因の場合が多いようである．カビ臭を出すシアノバクテリアにはホルミジウム・テヌエ（*Phormidium tenue*）やプランクトスリックス・ラシボルスキー（*Planktothrix raciborskii*）などの種が報告されている[3]．

3・2　pH

湖沼のpHは弱酸性から弱アルカリまで様々であるが，シアノバクテリアが多くいる湖沼の pH は弱アルカリ性（pH 8〜9 前後）の場合がほとんどである．弱アルカリでは，水に溶けた二酸化炭素は二酸化炭素と炭酸水素イオンおよび炭酸イオンの混合状態である．二酸化炭素を光合成に利用する植物や，炭酸水素イオンを利用するシアノバクテリアが活発に活動するために，水中の二酸化炭素と炭酸水素イオンの濃度が低下することになる．低下すると湖沼の pH はよりアルカリ側に傾き，晴れた日の午後には pH が 10 近くにもなる．アルカリ側に傾くと，水に溶けた二酸化炭素は炭酸水素イオンと炭酸イオンのみになり，二酸化炭素を利用していた植物にとっては利用できる炭素源が少なくなってくる．しかし，シアノバクテリアにとっては炭素源が十分にあり，しかも，競争相手の二酸化炭素を利用する植物の勢力が落ちるので，ますます環境を支配しやすくなるのである．

シアノバクテリアの中には変わり者もいる．pH 6.0 付近の水にいるミクロキステス・エルギノーサが九州で採取された．この pH では，水に溶けた二酸化炭素のうちシアノバクテリアが利用できる炭酸水素イオンは 50 % しかない．したがって，pH 8 の場合に比べて，炭素源はだいぶ少ないことになる．ミクロキステスにとって，かなり厳しい生活環境であると想像される．この pH ではアオコ状に増えることはないと思われる．

3･3　光

一般にシアノバクテリアは強い光が嫌いなようである[4)]．真夏の強い光では光障害が起きて，増殖できなくなる[5)]．原因は近紫外線の 320〜400 nm の太陽光による色素の分解である．ミクロキステスなどは太陽光の 5 %程度の光で最も生育がよいようである．プランクトスリックスやシネコココッカスは太陽光の 1 %程度の薄暗い光を好むようである．1 %の太陽光は透明度の約 2 倍の深さの所の明るさに相当する．つまり，透明度の 2 倍の深さにプランクトスリックスやシネコココッカスが大量発生しているのである．また，フィコエリスリンを多く含む赤い色のプランクトスリックスは，水面下 10 m 以上もの深い所で大量発生している場合がある．強い光を好む真核生物の緑藻（*Scenedesmus protuberans*）と，薄暗い所が好きなプランクトスリックス・アガディ（*Planktothrix agardhii*）とを薄暗い所で混合培養すると，予想の通り，プランクトスリックスが緑藻を駆逐してしまう．逆に，強い光の元で混合培養するとどうなるであろうか．最初は緑藻が速い速度で増殖し，培養瓶の中はあたかも緑藻だけのようになるが，培養瓶の中心部は緑藻に光を遮られ，透過する光が弱くなってプランクトスリックスが増殖しやすい環境になってくる．20 日間も培養すると，緑藻よりプランクトスリックスの方が生物量としては多くなってくる．このことは，汚濁の進んだ水はもちろん，透明度の高い水であっても条件さえ整えば，シアノバクテリアは自ら棲みやすい環境を造ってしまうということを意味している．恐るべしシアノバクテリアである．

ところで，ガス胞を持つシアノバクテリアはなぜ，光の強い日中に水面に集積してくるのであろうか．濁った水中では光がかなり弱まり，増殖に適していない場合があること，水温は水面の方が高いこと，水面に集積することによって光を遮断し，競争相手より有利な環境を独占できること，表層のシアノバクテリアを犠牲にすることによって，光や温度の有利な位置を確保し，シアノバクテリア全体として増えることができること，等が考えられるが，もっとほかの理由があるのかもしれない．

3·4　栄養塩濃度

シアノバクテリアが頻繁に発生するのは富栄養化した湖沼である．富栄養化とは，植物の栄養源である窒素やリン，カリウムなどの無機塩が豊富にあるという意味である．通常，富栄養化といえば，窒素とリンが多いことを指す．窒素はアンモニアや硝酸，亜硝酸などがイオンの状態で溶けている．シアノバクテリアの発生しやすい pH 8〜10 の淡水では，リン酸はリン酸イオンとして溶けている部分と，カルシウムや第二鉄と塩をつくって湖底に沈んでいる部分とがある．

窒素固定しないシアノバクテリアであるミクロキステスの場合，窒素とリンの量の比（N/P 比と呼んでいる）が 10〜16 の時に最も増殖が良いとされている．真核の藻類では N/P 比が 16〜26 の時に最も増殖しやすいといわれている．霞ヶ浦ではリン（全リン，Total P）は 0.10〜0.18 mg/l 程度であり，窒素（全窒素，Total N）は 1.6〜2.7 mg/l である[6]．シアノバクテリアが大量発生した時期はリンも窒素もいずれも高い方の値であった．わが国でシアノバクテリアが発生している湖沼は多く，公園の池までを含めると，ほとんどの都道府県に及んでいる．その中には飲料水源も含まれている．一般的な水質としてリンが 0.01 mg/l 以下，窒素が 0.2 mg/l 以下の場合にシアノバクテリアが発生することはないようである．

3･5　ミネラル

シアノバクテリアの培地にはナトリウム，カリウム，カルシウム，マグネシウム，マンガン，亜鉛，鉄，コバルト，モリブデン等の金属が 10^{-3}〜10^{-8} M のオーダーで入っている．これらがシアノバクテリアの必須金属ということになる．これらの中で複雑なのが鉄である．シアノバクテリア増殖域の pH で鉄は可溶性の水酸化鉄として存在するが，水酸化鉄は 1 種類ではなく，いくつかの形態が存在する．$FeOH^{2+}$，$Fe(OH)_2^{+}$，$Fe(OH)_3^{0}$，$Fe(OH)_4^{-}$ 等である．シアノバクテリアの中のミクロキステスには鉄イオンを積極的に取り込む機構があるが，どのような形態の水酸化鉄イオンを取り込むのかまだよくわかっていない．湖沼水には種々の有機化合物が溶けており，シアノバクテリアの鉄の取り込み能より強く鉄イオンを抱え込む物質もあるはずである．このような物質に鉄イオンが抱え込まれた（配位結合のキレート化合物）場合はシアノバクテリアの細胞内に鉄イオンが取り込めず，細胞内の鉄が不足して細胞分裂ができなくなるらしい．鉄イオンと複合体をつくる有機化合物には，植物が分解してできるフミン酸やポリフェノール類などがある．これらの濃度が高いときは鉄イオンが不足し，シアノバクテリアが発生しないことがあるそうである[7]．

銅イオンはシアノバクテリアの駆除に用いられることがしばしばある．駆除の場合は水1 l に1 mg の銅イオンが目安にされているが，シアノバクテリア以外の魚やミジンコなどの水生生物もダメージを受けることになる．

3･6 天敵

栄養塩が同じ実験池の一方に魚をたくさん入れた場合，魚を入れた池の方がシアノバクテリアの量が多くなるという実験がある．もちろん，魚が何を食べているかということが重要なのであるが，この実験の場合は動物プランクトンを餌としている魚である．この結果は，魚が動物プランクトンを捕食するために，シアノバクテリアの天敵である動物プランクトンが少なくなることによる，と解釈されている．これと似たようなことが実際に琵琶湖で起きていると考えられている．琵琶湖ではアユの稚魚の生産が盛んである．稚魚の生産を上げるために過剰放流されているように見受けられる．アユは稚魚の時代は動物プランクトンを餌とし，成長すると石に付いたコケなどを餌としている．琵琶湖の稚アユは動物プランクトンを餌としているが，この餌は十分になく，痩(や)せて病気に対する抵抗性も弱いらしく，しばしば湖面にアユの死骸(がい)が大量に浮ぶことがあるそうである．動物プランクトンの少ない琵琶湖はシアノバクテリアの天下であり，毎年アオコ状態で発生している．

シアノバクテリアが発生している湖沼にはシアノバクテリアを餌とする原生動物がいる．鞭(べん)毛を持っているポテリオオクロモナス（*Poterio-ochromonas*）と呼ばれる原生動物（無色鞭毛藻）であるが，ムチのような長くしなやかな鞭毛の先でシアノバクテリアの細胞を捕らえ，目にも止まらぬ早業で食べるのである[8]．シアノバクテリアが少なくなると，原生動物も少なくなる．この原生動物は最初中国の富栄養化した湖沼で採取したシアノバクテリアのコロニーに付着していたものであるが，同種のものは世界各地に生息しているようである．

ゾウミジンコはミクロキステスのコロニーを食べて，毒素のミクロシスチンをたくさん蓄積する．霞ヶ浦の例では，ミクロキステスに含まれているミクロシスチン量（66～782 μg/g 乾燥細胞）よりもゾウミジンコ体内のミクロシスチン量の方が常に高く，多い時は 2 倍以上にも達していた．ミクロシスチンはゾウミジンコに対しては毒性を示していないようであった[9]．

シアノバクテリアに感染するウイルスがいる．シアノバクテリアがこのウイルスに感染すると，シアノバクテリアの細胞内でウイルスが増殖し，細胞が破壊されてしまう．細胞から出たウイルスはまた次の細胞に感染していく．このようなシアノバクテリアウイルス（シアノファージ）は 5 ～ 6 種類いるといわれているが，感染力はそれほど強くないために，ウイルスを用いてシアノバクテリアを駆除するということはできないようである．

3･7　付着性シアノバクテリア

浮遊性のシアノバクテリアと違って，付着性シアノバクテリアは浅い岸辺の石や岩の上にマット状に張り付いている．多くの場合，富栄養化していても透明度の高い湖沼での発生が多いようである．マットは時々はがれて湖面に浮き上がることがある．付着性シアノバクテリアに毒素がある場合にしばしば中毒事故が起きている．中毒は家畜が水と一緒に有毒シアノバクテリアのマットを飲み込んだ例がほとんどのようである．著者は，付着性のシアノバクテリアであるグロエオトリキアがある時期に湖底を離れ，湖面にマット状になっているのをスコットランドの氷河湖〔loch（ラック），氷河に削り取られた後に水がたまってできた湖のこと．スコットランド地方でこう呼ばれる〕で見たことがある．氷河湖の周囲はグロエオトリキアの発するカビ臭（ジェオスミン；geosmin の臭い）で大変臭かったことを覚えている．このグロエオトリキアにも致死性の毒素を持つ種がいることが確認されている．

4　シアノトキシン

シアノバクテリアはいろいろな種類の毒素を作るが，それらの毒素を総称してシアノトキシンと呼んでいる．シアノトキシンの毒性や構造が明らかになったのは，シアノバクテリアによる家畜やヒトの被害が頻発するようになった1980年代の半ばになってからのことである．シアノトキシンはシアノバクテリアの二次代謝産物であるが，それらの生理的意義はよくわかっていない．また，他の水生生物に与える影響についても不明な点が多い．

シアノトキシンを中毒症状から分類すると，肝臓毒，神経毒，皮膚毒に分類される．一方，化学構造をもとに大まかに分類すると，環状ペプチド，アルカロイド，脂質の3つに分類される（表4･1）．

4･1　肝臓毒環状ペプチド―ミクロシスチンとノジュラリン（図4･1）

世界中の淡水や汽水域で発生するシアノバクテリアが生産する環状ペプチド毒のグループである．発生件数も被害も最も多い毒素である．多くの被害はミクロシスチンを生産しているシアノバクテリアを含む湖沼水を水道水に用いることによって起きている．

ミクロシスチンをマウスの腹腔に投与した場合，典型的な症状として肝臓内出血とそれに伴う肝臓の肥大が起こり，通常投与後2～3時間以内に死亡する[1]．ミクロシスチンは浮遊性の淡水産シアノバクテリアであるミクロキ

表4・1 シアノトキシンの種類

シアノトキシン[1]	哺乳動物に対する標的器官	シアノバクテリアの属名[2]
環状ペプチド		
ミクロシスチン (Microcystins)	肝臓	*Microcystis*, *Anabaena*, *Nostoc*, *Oscillatoria*, *Planktothrix*, *Hapalosiphon*, *Anabaenopsis*
ノジュラリン (Nodularins)	肝臓	*Nodularia*
アルカロイド		
アナトキシン-a (Anatoxin-a)	神経シナプス	*Anabaena*, *Oscillatoria*, *Aphanizomenon*
アナトキシン-a(s) (Anatoxin-a(s))	神経シナプス	*Anabaena*
アプリシアトキシン (Aplysiatoxins)	皮膚	*Lyngbya*, *Schizothrix*, *Oscillatoria*
シリンドロスパモプシン (Cylindrospermopsin)	肝臓，腎臓，脾臓	*Cylindrospermopsis*, *Aphanizomenon*, *Umezakia*
リングビアトキシンA (Lyngbyatoxin A)	皮膚，腸	*Lyngbya*
サキシトキシン (Saxitoxins)	神経軸索	*Anabaena*, *Aphanizomenon*, *Lyngbya*, *Cylindrospermopsis*
脂質		
リポポリサッカライド (Lipopolysaccharides)	皮膚および全身性炎症	すべてのシアノバクテリア
チオンスルフォリピド (Thionsulfolipid)	H_2S 発生による魚毒	*Synecochoccus*

1 同族体を含む. 2 毒素を生産していない種もある.

ステス，アナベナ，プランクトスリックス，ノストック，アナベノプシス（*Anabaenopsis*）属のいくつかの種，付着性のオッシラトリア，および土壌性のハパロシホン（*Hapalosiphon*）属のいくつかの種でつくられている．ノジュラリンは浮遊性の汽水産シアノバクテリアであるノジュラリア・スプミゲナ（*N. spumigena*）によってつくられるが，最近，淡水産のノジュラリア（*N. spumigena* とは別の種）もノジュラリンをつくっていることが明らかにされている[2)]．

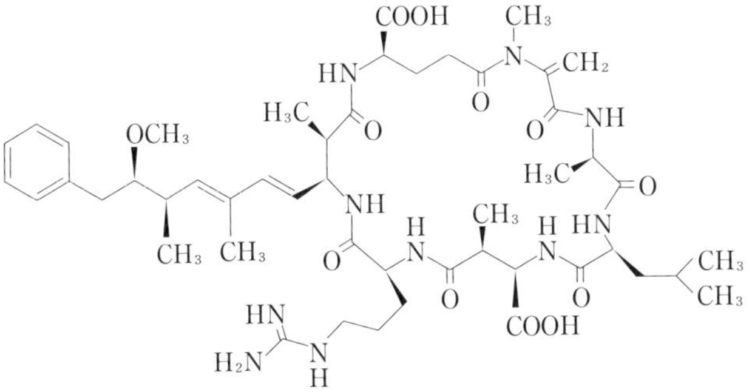

ミクロシスチン-LR

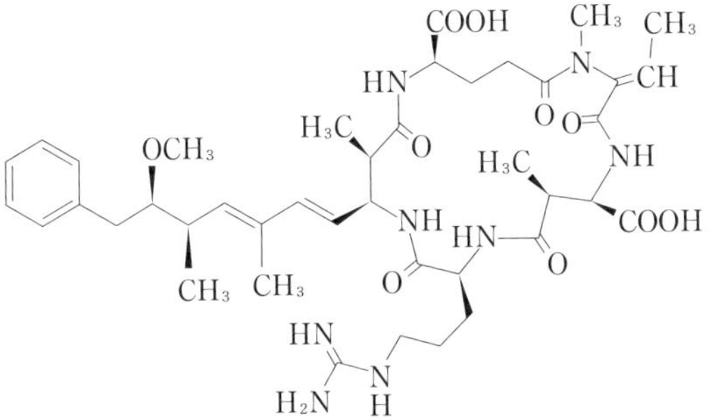

ノジュラリン

図4·1　ミクロシスチンとノジュラリンの構造

環状ペプチドの分子量は800〜1100程度で，天然毒としては比較的大きい方であるが，細胞内にあるタンパク質やオリゴペプチド（分子量1万以上）よりはかなり小さい分子である．環状ペプチド毒の中でアミノ酸7個のものがミクロシスチン，5個のものがノジュラリンと呼ばれている．アミノ酸が連結したものをペプチドと呼ぶが，普通直鎖状である．直鎖状では鎖の端にアミノ基があるところをN末端と呼んでいる．もう一方の端にはカルボキシル基があり，こちらをC末端と呼んでいる．これらのN末端とC末端が連結して環状になっているペプチドを環状ペプチドと呼んでいる．ほとんどのミクロシスチンとノジュラリンは水に溶けるが，疎水性ミクロシスチンと呼ばれるミクロシスチンの同族体はほとんど水には溶けない．これらの疎水性ミクロシスチンはそれ自身ミセルになったり，水に溶ける物質と複合体を形成して細胞膜表面にたどり着き，肝臓の細胞膜にある胆汁酸輸送系を介して細胞内に入り込むと考えられている．ミクロシスチンは通常シアノバクテリアの細胞内にあるが，細胞が壊れると細胞から遊離してくる．

細胞から水中に拡散したミクロシスチンは化学的に安定であり，水中で毒性を持ったまま長く存在し，ヒトや動物の健康に影響を及ぼす．

最初のミクロシスチンの化学構造は1980年代の中頃に同定された．その後，1990年代になって，急速に同族体の化学構造が明らかになり，現在では70種類にもおよぶ同族体の化学構造が報告されている．

ミクロシスチンの化学構造は次のように表される．

$$\mathrm{Cyclo}(\textsc{d}\text{-}\mathrm{Ala}^{1}\text{-}\mathrm{X}^{2}\text{-}\textsc{d}\text{-}\mathrm{MeAsp}^{3}\text{-}\mathrm{Z}^{4}\text{-}\mathrm{Adda}^{5}\text{-}\textsc{d}\text{-}\mathrm{Glu}^{6}\text{-}\mathrm{Mdha}^{7})$$

Cycloは環状という意味を表している．カッコ内の最初にD-Ala^1とあるが，D型のアラニンというアミノ酸が1番目の位置にあることを示している．次がX^2である．2番目にXというアミノ酸があるという意味であるが，Xはいろいろなl型のアミノ酸が入ることを意味している．次がD-$MeAsp^3$である．3番目にD型のメチルアスパラギン酸というアミノ酸があることを示している．次がZ^4である．これも2番目のX^2と同じく，4番目にいろいろなL型のアミノ酸が入るという意味である．次の$Adda^5$は5番目の場所にAdda（炭素数20個の普通には見られないアミノ酸の一種）というアミノ酸があることを示している．次のD-Glu^6が6番目にD型のグルタミン酸があることを示す．最後が$Mdha^7$である．メチルデヒドロアラニンという普通にはないアミノ酸が7番目の位置にあり，全体として1番目と7番目がつながって環状になっていることを表している（図4•2）．

この環状ペプチドは，最初シアノバクテリアのミクロキステス・エルギノーサから見つけられたことからエルギノシン（aeruginosin）と名付けられたが，後にミクロシスチン（microcystin）と改名された．ミクロシスチンの中には，基本構造が同じでも部分的に少し構造が違うものがある．例え

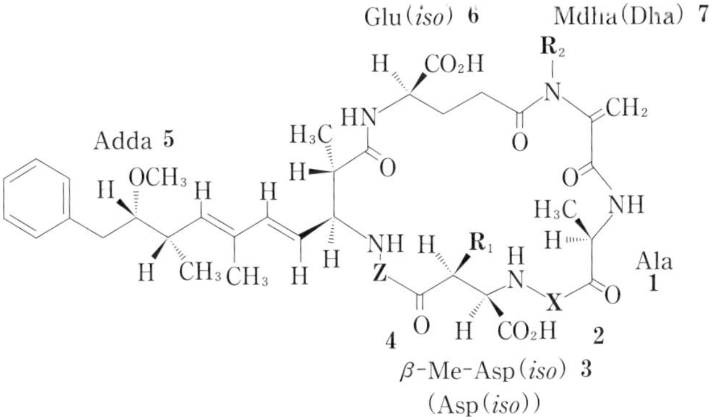

Adda：3-アミノ-9-メトキシ-10-フェニル-2,6,8-トリメチルデカ-4,6-ジエノイン酸
Mdha：*N*-メチルデヒドロアラニン

	X	Z	R_1	R_2	分子量
ミクロシスチン-LA	Leu	Ala	CH_3	CH_3	909
ミクロシスチン-LR	Leu	Arg	CH_3	CH_3	994
ミクロシスチン-YR	Tyr	Arg	CH_3	CH_3	1044
ミクロシスチン-RR	Arg	Arg	CH_3	CH_3	1037
ミクロシスチン-YM	Tyr	Met	CH_3	CH_3	1019
ミクロシスチン-YA	Tyr	Ala	CH_3	CH_3	959
ミクロシスチン-LY	Leu	Tyr	CH_3	CH_3	1001
ミクロシスチン-FR	Phe	Arg	CH_3	CH_3	1028
ミクロシスチン-LAba	Leu	Aba*	CH_3	CH_3	923
[D-Asp^3] ミクロシスチン-LR	Leu	Arg	H	CH_3	980
[Dha^7] ミクロシスチン-LR	Leu	Arg	CH_3	H	980
[D-Asp^3,Dha^7] ミクロシスチン-LR	Leu	Arg	H	H	966
[D-Asp^3] ミクロシスチン-RR	Arg	Arg	H	CH_3	1023

*L-アミノイソブチル酸

図4・2　ミクロシスチンの種類

ば，2番目や4番目のL型のアミノ酸が他のL型のアミノ酸と置き換わった場合，3番目や7番目に付いているメチル基と呼ばれている部分がはずれる場合等がよくある例である．このように構造が少し違うものを同族体と呼んでいる．今までに見つけられた同族体の数は約70種類以上にもおよんでいる．この中には，7番目のアミノ酸がMdha（*N*-メチルデヒドロアラニ

ン）からデヒドロブチリン（Dhb）に代わっているもの｛[Dhb[7]] ミクロシスチン｝[3~6)]，1番目のD-アラニンがD-ロイシンに代わっているもの｛[D-Leu[1]] ミクロシスチン｝[7)]，Adda にある二重結合の幾何異性体｛[6(*Z*)-Adda[5]] ミクロシスチン｝などが含まれている．[Dhb[7]] ミクロシスチンはこれまでにスコットランド，ノルウェー，フィンランド，ドイツなどの北部ヨーロッパ産の繊維状シアノバクテリアであるプランクトスリックスとノストックからだけ見つかっている．同一地域から採取されたミクロキステスにあるのは，7番目のアミノ酸が Mdha の普通のミクロシスチンであった．Mdha または Dha（デヒドロアラニン）は反応性に富んでおり，グルタチオンやシステイン等のスルフヒドリル（SH）基と反応する[8)]．この反応は生体でもミクロシスチンの解毒の一つとして行われていると考えられている．ところが，Dhb にはグルタチオンやシステインは付加しないが，毒性に差はない．この反応性の違いは助ガン性と発ガン性の差として表れているようである．Dha を含む通常のミクロシスチンは SH 化合物との反応性が高い故に，細胞質の SH 化合物に捕捉され，助ガン作用にとどまるが，Dhb ミクロシスチンは細胞質で捕捉されることなく，核の DNA まで到達し，DNA と反応して発ガン作用を示すことになるのではないかと考えられている．事実，Dhb と同じ反応性を示すメチルデヒドロブチリン（Mdhb）を分子内に持つノジュラリンは発ガン性があるといわれている[9)]．

汽水域にいる浮遊性のシアノバクテリアであるノジュラリア・スプミゲナから，ミクロシスチンとよく似た環状のペプチドが見つけられた．この環状ペプチドは，生産生物の名前からノジュラリン（nodularin）と名付けられている．ノジュラリンの化学構造は次のように表される．

$$\mathrm{Cyclo(D\text{-}MeAsp^{1}\text{-}L\text{-}Arg^{2}\text{-}Adda^{3}\text{-}D\text{-}Glu^{4}\text{-}Mdhb^{5})}$$

アミノ酸5個からなる環状ペプチドで，基本的にはミクロシスチンの1番目と2番目のアミノ酸がない構造である．ノジュラリンの1番目のアミノ酸はミクロシスチンの3番目のアミノ酸と同じ D-MeAsp で，4番目まではミクロシスチンとまったく同じである．5番目だけはミクロシスチンと少し違って，Mdhaではなくデヒドロブチリン（*N*-メチルデヒドロブチリン，または2-メチルアミノ-2-ブテン酸）というアミノ酸が付いている．ミクロシスチンに比べて同族体はきわめて少なく，メチル基のないもの，Addaの二重結合の幾何異性体，2番目のL-アルギニンがL-ホモアルギニンになったもの等が知られているだけである．つい最近になって，淡水の付着性シアノバクテリアのノジュラリア・スフェロカルパ（*N. sphaerocarpa*）からL-ホモアルギニンが2番目に入ったノジュラリンが見つけられた[2]．淡水からも肝臓毒であるノジュラリンが見つけられたことは，ミクロシスチンだけでなくノジュラリンも飲料水に混入する危険性があることを意味している．

また，海にいるカイメン（*Theonella swinhoei*）から，ノジュラリンの2番目のアミノ酸が疎水性のアミノ酸であるL-バリンになった同族体が見つけられ，モツポリン（motuporin）と名付けられている．おそらく，カイメンに共生しているシアノバクテリアが作っているのであろうと考えられている．

ミクロシスチンとノジュラリンの哺乳動物に対する毒性の特徴は，(1)肝臓の肝細胞にだけ作用すること．(2)リン酸化されたタンパク質からリン酸を外す酵素であるプロテインホスファターゼの活性を阻害することである．この阻害にはミクロシスチンとノジュラリンの共通した構造部分Adda-D-Gluの構造が決定的な役割を演じている．最近の研究では，Adda-D-Gluとプロテインホスファターゼの活性中心とが複合体を形成することによって毒性を発現すると考えられている．毒性発現のメカニズムについては後の章で述べる．

ミクロシスチンとノジュラリンの同族体の毒性の幅は狭く，ほとんどはLD_{50}＝50-300 μg/kgマウス（腹腔に投与）である．同族体の中には毒性のきわめて低いものもあるが，これらはAddaの二重結合の幾何異性体か，D-Gluのカルボキシル基がメチルエステルになったもので，プロテインホスファターゼと複合体が作りにくい構造の場合である．バクテリアによる分解や生合成の途中でできる直鎖状のペプチドの毒性はほとんどないといわれている．しかし，ミクロシスチンがバクテリアによって分解される過程で，強いプロテインホスファターゼ阻害活性を示す場合があるという報告もある．ミクロシスチンやノジュラリンの構造と毒性の発現の間には，まだ解明されていないところがいくつもあるようである．

4･2 肝臓毒アルカロイド—シリンドロスパモプシン（図4･3）

亜熱帯地域のシアノバクテリアであるシリンドロスパモプシス・ラシボルスキー（図1･2）の生産するグアニジンアルカロイドで，オーストラリアのパーム島の奇病の原因となった毒素である[10]．最近の研究ではシリンドロスパモプシスのほか，アファニゾメノンや福井県の三方湖から分離されたウメザキア[11]等の，温帯から亜寒帯にかけて生息するシアノバクテリアもシリンドロスパモプシンを作ることが明らかにされている．シリンドロスパモプシンの両方の環をつなぐ橋に付いている水酸基が水素に代わると毒性がなくなることから，この水酸基が毒性発現に関係があると考えられている．主に肝臓でグルタチオンやタンパク質の合成を阻止することで毒性を発現するが，細胞抽出液では腎臓や脾臓を含む多くの臓器にも障害を与える．脳にも障害を与えるとの報告がある．シリンドロスパモプシン以外の毒素も含まれているのかもしれない．毒性の発現のメカニズムについてはほとんどわかっていない．シリンドロスパモプシンをマウスの腹腔に投与した場合のLD_{50}は200 μg/kg マウスである．

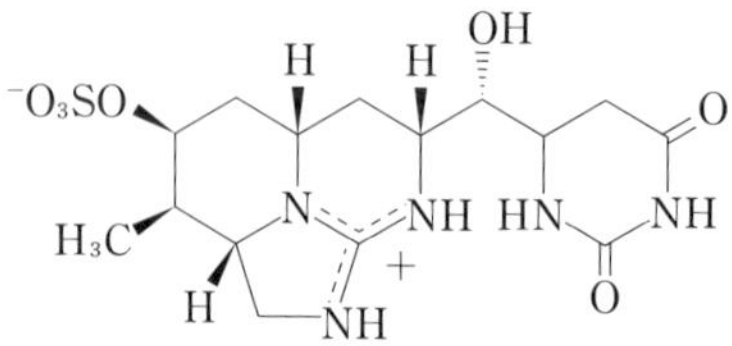

図4･3 シリンドロスパモプシンの構造

4･3　神経毒―アナトキシンとサキシトキシン

神経毒に関する報告は北アメリカ，ヨーロッパおよびオーストラリアからのものが多いようである．中毒による死因は呼吸閉息による窒息死である．シアノバクテリアの神経毒には3つのタイプがある．

(1)アナトキシン-aおよびホモアナトキシン-a，これらはアセチルコリンの拮抗剤となる．

(2)アナトキシン-a(s)，これはコリンエステラーゼの活性を阻害することで毒性を発現する．

(3)サキシトキシン類，これらは海産魚介類に見いだされる麻痺性貝毒として知られている．神経細胞のナトリウムチャネルの機能を止めることで毒性を発現する．

(1)アナトキシン-aはアナベナ，プランクトスリックスおよびアファニゾメノンから，ホモアナトキシン-aはオッシラトリアから，(2)アナトキシン-a(s)はアナベナから，そして(3)サキシトキシン類はアファニゾメノン，アナベナ，リングビアおよびシリンドロスパモプシスから見いだされている．これまでに16種類のサキシトキシン同族体がシアノバクテリアから見つけられているが，それらの構造の類似性からサキシトキシンの代謝物と考えられている．

シアノバクテリアのアルカロイド毒はそれらの化学構造からも，毒性発現からも多様性に富んでいるといえる．アルカロイドとは一般に窒素−炭素結合を含む複素環を分子内に持ち，窒素原子が荷電している分子量1000以下の低分子化合物を指す．これらは植物やバクテリアによって生産され，何らかの生理作用と毒性を示す．分子内に硫酸基を持たない淡水産シアノバクテリアのアルカロイド（アナトキシンやサキシトキシン）はすべて神経毒として作用する．一方，硫酸を分子内に含むアルカロイドであるシリンドロスパモプシンは，主に肝臓でタンパク質合成を阻害する．海産シアノバクテリアも，リングビアトキシンやアプリシアトキシンなどのアルカロイド毒をつくっている．これらは皮膚に炎症を起こす毒として知られているが，消化器障害や発熱などの症状も伴う．アルカロイドの安定性はそれらの構造によって様々であるが，分解や変換の過程で，毒性が元のアルカロイドより強くなったり弱くなったりする．また，光で直接分解してしまうアルカロイドもある．

アナトキシン-a

アナトキシン-aは低分子の第二アミンアルカロイド（分子量164）である．その構造は2-アセチル-9-アザビシクロ（4,2,1）ノン-2-エン（図4・4）[12]と表される．アナトキシン-aは，アナベナ・フロス-アクアエ（*A. flos-aquae*）（図2・5），アナベナ・プランクトニカ（*A. planktonica*）（図4・5），プランクトスリックス，アファニゾメノンおよびシリンドロスパモプシスによって生産され，ホモアナトキシン-a（分子量179）はアナトキシン-aの同族体で，オッシラトリア・フォルモサ（*O. formosa*）から分離されたアルカロイドである．アナトキシン-aのC-2に付いたアセチル基がプロピ

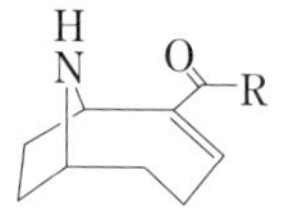

アナトキシン-a：R=CH_3
ホモアナトキシン-a：R=CH_2CH_3

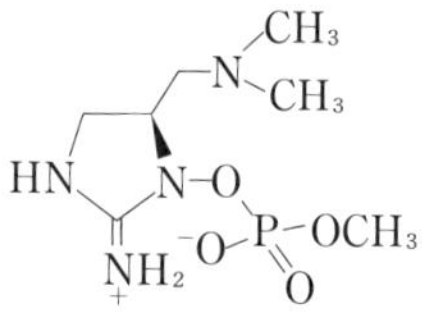

アナトキシン-a(s)

図4・4 アナトキシンの構造

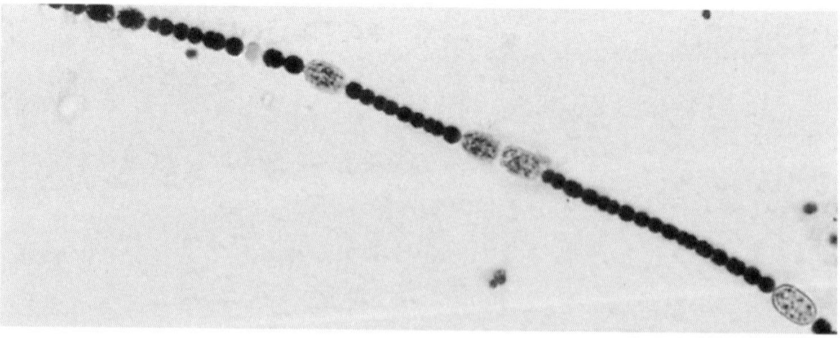

図4・5 アナベナ・プランクトニカ *A. planktonica*（写真提供：渡辺眞之）

オニル基になったものがホモアナトキシン-a と呼ばれている．LD_{50}はアナトキシン-a とホモアナトキシン-a ともに 200-250 μg/kg マウスである．

アナトキシン-a(s)

アナトキシン-a(s)は環状ヒドロキシグアニンにリン酸がエステル結合した構造を持つアルカロイドで，分子量は 252 である[13)]．このアルカロイドは最初アナベナ・フロス-アクアエ NRC 525-17 から単離されたが，最近になってアナベナ・レメルマニ（*A. lemmermannii*）（図 2･5）のアオコと分離株からも同定されている．LD_{50}は 20 μg/kg マウスで，シアノトキシンの中で最も強い毒素である．同族体はなく，1 種類だけが報告されている．

サキシトキシン

サキシトキシン（図 4･6）はカーバメート系アルカロイドに属す神経毒である[14)]．硫酸が付いていないものをサキシトキシン（STX）といい，一分子の硫酸が付いたものをゴニオトキシン（gonyautoxin，GTX），二分子の硫酸が付いたものを C-トキシンと呼んでいる．これまでに 16 種類の同族体が発見されている．アファニゾメノンの神経毒素をアファントキシン（aphantoxin）と呼んでいるが，これはネオサキシトキシン（サキシトキシンの N_1に OH が付いたもの）とサキシトキシンが 10：1 の割合で混ざった混合物のことである．

サキシトキシンはもともと海産渦鞭毛藻（赤潮藻類）の毒であるが，この毒素が貝類に濃縮され，毒化した貝から分離された．毒化した貝を食べて多くの人が中毒になり，毎年死亡者がでていた．淡水からのサキシトキシンはシアノバクテリアのアファニゾメノン・フロス-アクアエ，アナベナ・サーシナリス，リングビア・ウオレイ（*L. wollei*）およびシリンドロスパモプシス・ラシボルスキーから分離同定されている．北部アメリカの湖から分離されたアファニゾメノン・フロス-アクアエ NH-1 および NH-5 の分離株は最もネオサキシトキシンが多く，サキシトキシンが少ない（いくつかの未同定神経毒が含まれている）株として有名である．また，オーストラリアで分離されたアナベナ・サーシナリスのある株は，サキシトキシンに硫酸基とス

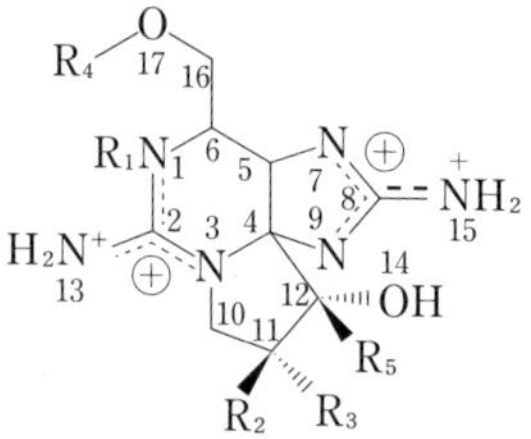

トキシン名	R の種類					シアノバクテリア			
	R_1	R_2	R_3	R_4	R_5	Aph	An	Ly	Cy
STX	H	H	H	$CONH_2$	OH	＋	＋		＋
GTX 2	H	H	OSO_3^-	$CONH_2$	OH		＋		
GTX 3	H	OSO_3^-	H	$CONH_2$	OH		＋		
GTX 5	H	H	H	$CONHSO_3^-$	OH		＋		
C 1	H	H	OSO_3^-	$CONHSO_3^-$	OH		＋		
C 2	H	OSO_3^-	H	$CONHSO_3^-$	OH		＋		
NEO	OH	H	H	$CONH_2$	OH	＋			＋
GTX 1	OH	H	OSO_3^-	$CONH_2$	OH		＋		
GTX 4	OH	OSO_3^-	H	$CONH_2$	OH		＋		
GTX 6	OH	H	H	$CONHSO_3^-$	OH		＋		
dcSTX	H	H	H	H	OH		＋	＋	
dcGTX 2	H	H	OSO_3^-	H	OH		＋	＋	
dcGTX 3	H	OSO_3^-	H	H	OH		＋	＋	
LWTX 1[3]	H	OSO_3^-	H	$COCH_3$	H			＋	
LWTX 2[3]	H	OSO_3^-	H	$COCH_3$	OH			＋	
LWTX 3[3]	H	H	OSO_3^-	$COCH_3$	OH			＋	
LWTX 4[3]	H	H	H	H	H			＋	
LWTX 5[3]	H	H	H	$COCH_3$	OH			＋	
LWTX 6[3]	H	H	H	$COCH_3$	H			＋	

STX：サキシトキシン，GTX：ゴニオトキシン，C：C-トキシン，NEO：ネオサキシトキシン，dcSTX：デカルバモイルサキシトキシン，dcGTX：デカルバモイルゴニオトキシン，LWTX：リングビア・ウオレイ トキシン
Aph：アファニゾメノン・フロス-アクアエ，An：アナベナ・サーシナリス，Ly：リングビア・ウオレイ，Cy：シリンドロスパモプシス・ラシボルスキー

図 4・6　サキシトキシンの構造と種類

ルフォン基 1 分子ずつ付いた C-トキシン〔2 種類（C 1 と C 2）の異性体がある〕を多く含み，ゴニオトキシン 2 と 3 がほとんどないことで有名になっ

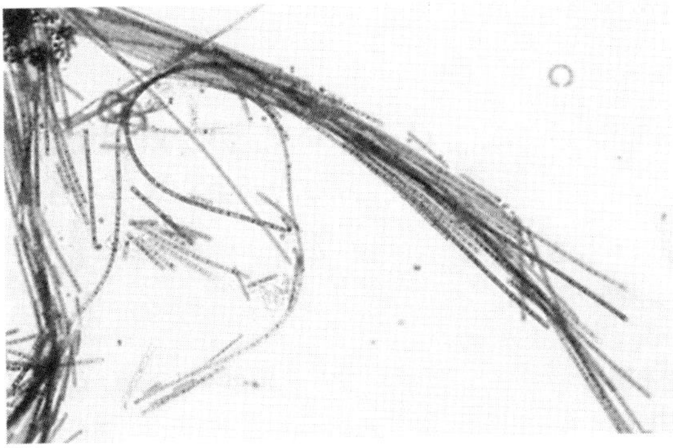

図4·7　トリコデスミウム・イウノフィアヌム *Trichodesmium iwnoffianum*
（写真提供：渡辺眞之）

た株である．淡水産リングビア・ウオレイは10種類にもおよぶサキシトキシンをつくることが知られている．ブラジルのシリンドロスパモプシス・ラシボルスキーの株は多量のネオサキシトキシンを含むことが知られているが，極少量のサキシトキシンしか検出されないなど，株によってサキシトキシンの組成も様々なようである．

その他の神経毒

バージン諸島で大量発生したトリコデスミウム（*Trichodesmium*）（図4·7）には神経毒があることが報告されている．この神経毒の症状は既知の神経毒の症状とは一致しないことから，未知毒と考えられている[15]．化学構造や毒性の詳細なデータはまだ報告されていない．

4·4　皮膚毒―アプリシアトキシンとリングビアトキシン（図4·8）

繊維状に細胞が連なったリングビア，オッシラトリア，シゾトリックス（*Schizothrix*）などの付着性海産シアノバクテリアは毒素を生産しており，しばしば遊泳者に接触して皮膚炎を発症させている．リングビアの炎症を起こさせる毒素はアプリシアトキシン（aplysiatoxin）とその同族体のデブロモアプリシアトキシン（debromoaplysiatoxin）とであり[16]，タンパク質リ

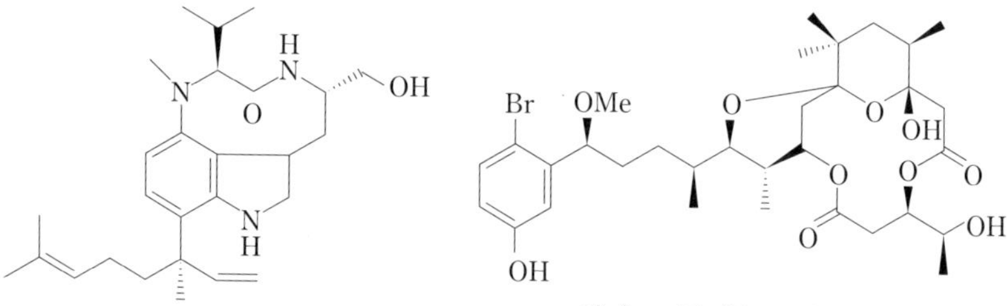

リングビアトキシン A　　デブロモアプリシアトキシン

図 4･8　リングビアトキシンとアプリシアトキシンの構造

ン酸化酵素であるプロテインキナーゼ C（protein kinase C）を活性化して助ガン作用を示すことが知られている．また別のリングビア（*L. majuscula*）は皮膚炎，口内炎，消化器疾患等を引き起こすことが知られている．このリングビアの毒素はリングビアトキシン A と名付けられている．デブロモアプリシアトキシンは，単独または他の毒素と一緒にシゾトリックス・カルシコラ（*S. calcicola*）やオッシラトリア・ニグロビリデス（*O. nigroviridis*）に含まれていることが知られている．

4･5　炎症毒ーリポポリサッカライド（LPS）（図 4･9）

LPS とは，グラム染色法（クリスタルバイオレット等の塩基性色素で染色した時に，染まるバクテリアと染まらないバクテリアに分別する方法．C. Gram によって開発されたためグラム染色法と呼ばれている）で陰性（グラム染色で染まらない）のバクテリアの細胞壁に存在する内毒素（エンドトキシンともいう）のことである．毒性を発現する活性本体はリピド A（lipid A）と呼ばれ，リン酸化糖と脂肪酸が共有結合した構造をしている．LPS の脂質部分はバクテリアの属や種によって異なるが，多くの場合ヒトや動物にアレルギー反応を引き起こさせる．グラム陰性のバクテリアには大腸菌，サルモネラ菌，赤痢菌などほとんどの病原菌が属している．アナシステス・ニドランス（*Anacystis nidulans*）というシアノバクテリアから LPS が見

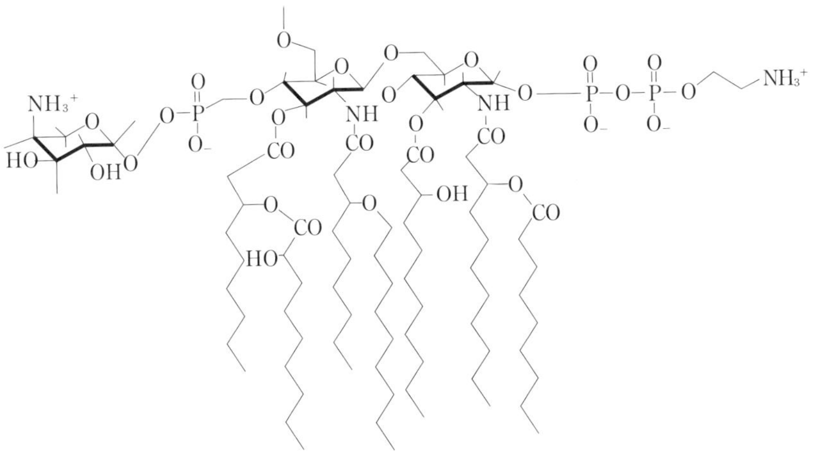

図 4･9　リポポリサッカライド（LPS）の構造

つけられたのが，シアノバクテリア LPS の最初であった．以後多くのシアノバクテリアから LPS が見つけられ，報告されている[17,18]．一般にシアノバクテリアの LPS の毒性はサルモネラ菌など他のグラム陰性菌の LPS の毒性より弱いといわれているが，シアノバクテリアの LPS の健康影響についての報告がほとんどないので実状がつかめていない．

4･6　魚毒―チオンスルフォリピド

通常シアノバクテリアには光合成に関与するスルフォリピドと呼ばれる糖脂質が含まれている．スルフォリピドは，グリセリンの 1 番の炭素とスルフォキノボースというスルフォン酸の付いた糖とが結合し，2 番目と 3 番目の炭素と 2 分子の脂肪酸がそれぞれエステル結合した構造をしている．ところが，琵琶湖で採取されたシネコカッカス BP-1 というシアノバクテリアのスルフォリピドは，グリセリンの 3 番目の炭素に付いた OH とアルキルチオ *O*-酸とがエステル結合したもの（チオンスルフォリピド）だったのである[19]．このアルキルチオ *O*-酸エステルは不安定で，弱アルカリや少し暖か

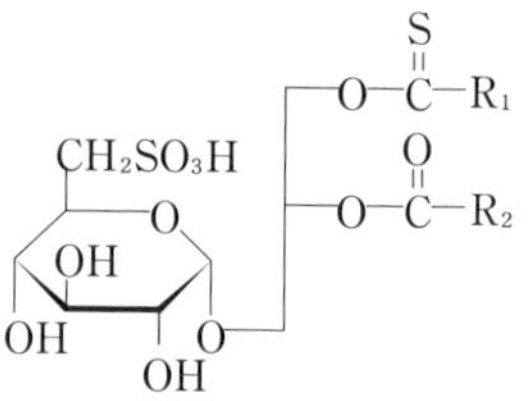

チオンスルフォリピド

$$R-O-\overset{S}{\underset{\|}{C}}-R_1 + H_2O \longrightarrow R-OH + \left[R_1-\overset{S}{\underset{\|}{C}}-OH \longrightarrow R_1-\overset{O}{\underset{\|}{C}}-SH \right]$$

$$R_1-\overset{O}{\underset{\|}{C}}-SH + H_2O \longrightarrow R_1-\overset{O}{\underset{\|}{C}}-OH + H_2S$$

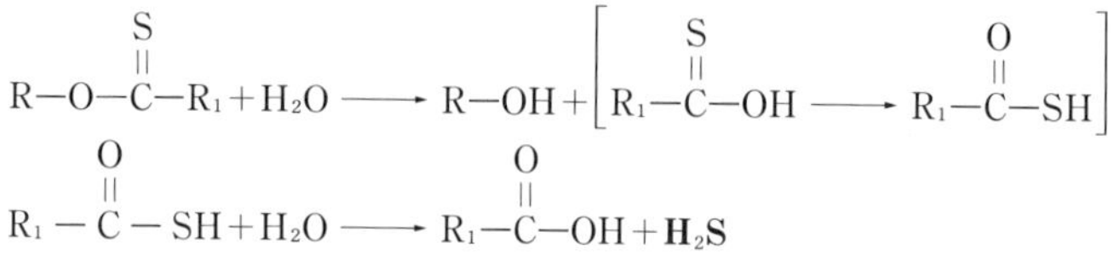

図4・10　チオンスルフォリピドの構造と硫化水素の生成

めの水（35℃以上）で徐々に分解し，硫化水素（H_2S）を発生する（図4・10）．硫化水素はヒトや哺乳類だけでなく，魚類に対しても猛毒である．琵琶湖でシネココッカス BP-1 の大量発生が確認された年は，琵琶湖の稚アユが大量に弊死していた年でもあった．シネココッカスの大量発生とアユの大量死の関係は直接証明されていないが，チオンスルフォリピドの分解による硫化水素の発生が関係しているものと考えている．その後，スウェーデンで水鳥が大量弊死した湖からもチオンスルフォリピドを含むシネココッカスが分離された．

4・7　その他の生理活性物質

　シアノバクテリアは数多くの生理活性物質をつくっていることが知られている．生理活性物質の中には医薬に使えそうな物質もあるが，バクテリア，カビ，動物プランクトン，他のシアノバクテリア等に対して毒性を示すものも多くある．これらは抗生物質の有力な候補とされている．その他，魚の卵の孵化を阻害する物質がプランクトスリックス・アガディの細胞粗抽出液に

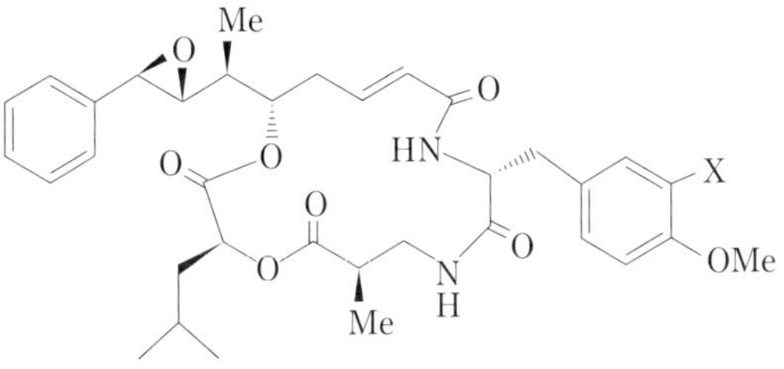

X＝Cl：クリプトファイシン A
X＝H：クリプトファイシン B

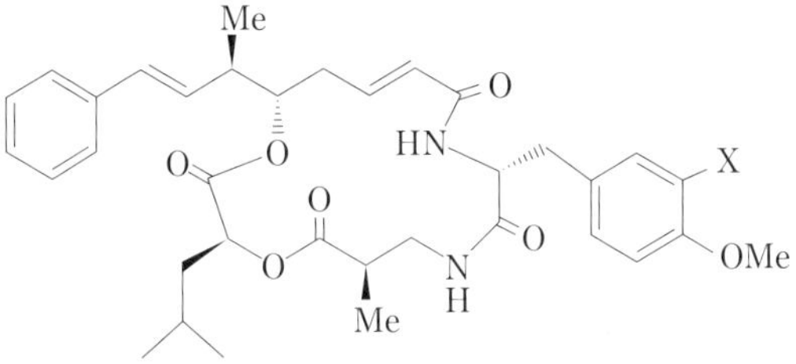

X＝Cl：クリプトファイシン C
X＝H：クリプトファイシン D

図 4･11　クリプトファイシンの構造

含まれているとの報告もある[20]．

シアノバクテリアは多くの環状ペプチドをつくることが知られている．肝臓毒のミクロシスチンやノジュラリンも環状ペプチドであるが，アミノ酸同士がエステル結合して環を形成している環状デプシペプチド（depsipeptides）も多くある[21~24]．抗ガン作用のあるクリプトファイシン（cryptophycins）（図 4･11）も環状デプシペプチドである[25]．その他，数多くの酵素阻害活性を示す環状ペプチドや環状デプシペプチドが見つけられている．

5　シアノトキシンによる水源の有毒化

5･1　シアノトキシンの種類とシアノバクテリア

a）ミクロシスチン

シアノバクテリアの毒性を最初に明らかにしたのは1878年オーストラリアのG. Francisである[1]．彼は農夫や獣医師達の報告から，家畜の死亡がシアノバクテリアを大量発生している湖の水と関係があることを明らかにしたのである．しかし，シアノバクテリアの毒素がどのようなものであるかが明らかになるのはそれから106年後のことだった．シアノバクテリアの毒性が明らかになる以前からも，家畜や野生動物の被害が起きていたと思われるが，記録から想像する以外にはない．シアノバクテリアの毒性が明らかになってから毒素の構造が解明されて感度のよい分析法ができるまでの間は，マウスなどの動物を使って毒性を調べていた．動物を使った毒性評価によって，有毒シアノバクテリアが南アフリカ，オーストラリア，アメリカ合衆国，カナダなどに発生していることが明らかになってきた．1980年代の終り頃になり，シアノバクテリアの毒素ミクロシスチンの構造が明らかになり，分析法ができると，世界中でミクロシスチンの分析が行われるようになった．その結果，南北アメリカ，オーストラリア，東アジア，東南アジア，ヨーロッパ，南北アフリカ等地球上のすべての地域で有毒シアノバクテリアが発生していることが明らかとなってきた．

ミクロキステス・エルギノーサという種が世界中で最も頻繁に発生する有

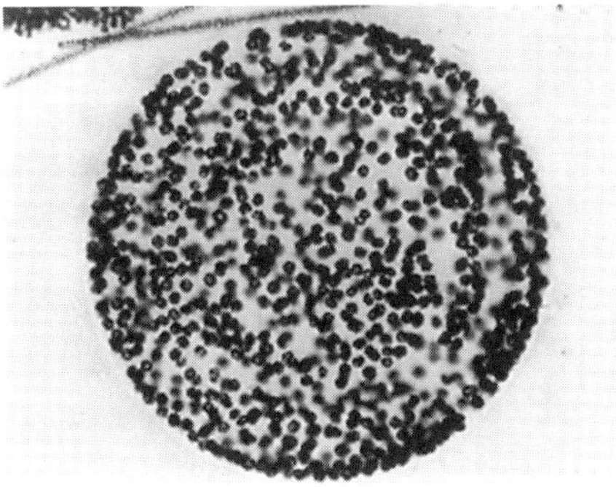

図 5･1　ミクロキスティス・ヴェゼンベルギー *M. wesenberghii*（写真提供：渡辺眞之）

毒種で，肝臓毒ミクロシスチンをつくっている．ミクロキステス・ビリデス（図 2･3）とミクロキステス・ヴェゼンベルギー（*M. wesenberghii*）（図 5･1）もしばしば大発生する．これらの種もミクロシスチンをつくっている．肝臓毒ミクロシスチンをつくるミクロキステスは熱帯のインドネシア，マレーシア，タイ南部から亜寒帯に至る広い地域で発生している[2]．ミクロシスチンをつくるアナベナはカナダ，デンマーク，フィンランド，フランス，ノルウェーからも報告されている[3]．最近の報告によれば，エジプトの土壌，水田，水源から分離したアナベナの 75 株の 25 %はミクロシスチンをつくっていると報告されている[4]．ミクロシスチンをつくるプランクトスリックス（オッシラトリアとも呼ばれている）の大量発生はデンマーク，フィンランド，ノルウェー，スコットランド，スウェーデン，ドイツ，中国（図 5･2）そして日本の霞ヶ浦で見られる．スイスのアルプスの湖ではミクロシスチンをつくる付着性のオッシラトリア・リモサ（*O. limosa*）の大量発生が観察されている[5]．このように世界中で発生しているプランクトスリックスであるが，オーストラリアでの発生は希なようである．オーストラリアの多くの湖沼，河川では水温が高く，粘土質の流入によって透明度がきわめて悪いのである．ミクロキステスやアナベナなどの浮遊性のシアノバクテリアは水面に浮上することができるので，透明度の悪さは克服できるが，プランクトス

図 5•2　中国雲南省昆明市郊外の滇池（デアンチ）のアオコ
滇池は中国で 6 番目に大きな湖（面積 300 km^2）で，温暖な気候のため，年間を通してミクロキステス，アナベナ，アファニゾメノン，プランクトスリックスなどのシアノバクテリアがアオコ状態になって発生している．

リックスは水面に浮上できないので光が水中に届かないと増殖できない．また，プランクトスリックスは高い温度が苦手なのも増殖できない理由の一つと思われる．

ノストックもミクロシスチンをつくるシアノバクテリアであるが，1959 年の報告によれば，テキサスの湖でノストック・リブラレ（*N. rivulare*）が大発生し，多数の家畜や野生動物が斃死したことがある[6]．最近になって，ノストックの未同定の種がミクロシスチンをつくっていることが報告されている[7]．

b）シリンドロスパモプシン

シリンドロスパモプシンという肝臓毒は，オーストラリアの飲料水源で大発生したシリンドロスパモプシス・ラシボルスキーというシアノバクテリアの毒素である．その後，この有毒シアノバクテリアはハンガリーでも同定された．また，シリンドロスパモプシンは福井県の三方五湖から分離された繊維状のシアノバクテリア，ウメザキア・ナタンス，イスラエルで分離された同じく繊維状のシアノバクテリアであるアファニゾメノン・オヴァリスポラム（*A. ovalisporum*）からも同定されている[8)]．また，最近になって，タイでもシリンドロスパモプシンをつくるシリンドロスパモプシスが分離されている．最も毒性の強いシリンドロスパモプシス・ラシボルスキーはこれまで熱帯や亜熱帯で主に大発生してきた．しかし，最近になって，ヨーロッパやアメリカでもこの種のシアノバクテリアの発生が増えていると報告されている．シリンドロスパモプシン中毒はもはや熱帯，亜熱帯だけの地域病ではなくなってきているようである．

c）アナトキシン

アナトキシン-aという神経毒は，最初にカナダで分離されたシアノバクテリアのアナベナ・フロス-アクアエから見つけられた[9)]．後になって，フィンランドのアナベナ（種は不明）からも分離された．その他，プランクトスリックス，オッシラトリア，アファニゾメノン，シリンドロスパミウム（*Cylindrospermium*）にもアナトキシン-aが存在することが明らかになってきた．また，スコットランドの付着性のプランクトスリックス，アイルランドのアナベナとプランクトスリックス，イタリアのアナベナ・プランクトニカ，ドイツのアナベナとアファニゾメノン，そして日本のアナベナからもアナトキシン-aが同定されている．アナトキシン-aと少しだけ構造の違うホモアナトキシン-aはノルウェーのオッシラトリア・フォルモサム（*O. formosum*）から分離同定されている[10)]．

アナトキシン-a(s)という神経毒はアナトキシン-aとは構造も作用も異なるが，この神経毒はアナベナ以外のシアノバクテリアからは見いだされていない．アナトキシン-a(s)はアメリカとスコットランドのアナベナ・フロス-アクアエおよびデンマークのアナベナ・レメルマニから分離同定されている[11]．

d）サキシトキシン

サキシトキシンはアメリカで分離された淡水産アファニゾメノン・フロス-アクアエの神経毒として見つけられた．長い間，サキシトキシンはアファニゾメノンにだけ存在すると考えられてきたが，最近になって，オーストラリアの川や湖でよく見られるアナベナ・サーシナリスやシリンドロスパモプシス・ラシボルスキー，および北アメリカの付着性の淡水シアノバクテリアのリングビア・ウオレイもサキシトキシンをつくっていることが明らかになってきた[12]．

5･2 シアノトキシン量を支配する要因

コレラ菌がコレラトキシンを持っているように，特定の生物が特定の毒素を持っているのが一般的であるが，シアノバクテリアの場合は少し様子が違う．例えば，ミクロシスチンをつくるシアノバクテリアはミクロキステスの他に，アナベナ，ノストック，プランクトスリックスなど属をこえて広く分布している．アナトキシン，サキシトキシン，シリンドロスパモプシンについても同じことがいえる．また，同一のシアノバクテリアが何種類もの毒素をつくっているのもシアノバクテリアの特徴である．したがって，ある属のある種のシアノバクテリアがいるから，毒素はこれというようには推定できないのである．そのシアノバクテリアが有毒であるか，どのような毒素をつくっているかは，毒素分析するか，動物に投与してみないとわからないのである．

これまでに世界の各国で大量発生したシアノバクテリアの毒素量を調べた記録を見ると，

・ミクロシスチン：中国で採取したアオコ状のシアノバクテリアの乾燥した

もの1g中に7.3mg（0.73％）含まれていた．

・ノジュラリン：バルト海のノジュラリアの乾燥したもの1g中に18mg(1.8％）含まれていた．

・シリンドロスパモプシン：オーストラリアのシアノバクテリアの乾燥したもの1g中に5.5mg（0.55％）含まれていた．

・アナトキシン-a：フィンランドで採取したアオコ状のアナベナの乾燥したもの1g中に4.4mg（0.44％）含まれていた．

・サキシトキシン：オーストラリアのシアノバクテリアの乾燥したもの1g中に3.4mg（0.34％）含まれていた．

・アナトキシン-a(s)：アメリカで採取されたアナベナの乾燥したもの1g中に3.3mg（0.33％）含まれていた．

飲料水源の場合，上記のような記述はほとんど意味をなさなくなってしまう．浄水処理で必要なデータは水1l中にどれだけの毒素があるかが重要なのである．通常シアノバクテリアの毒素は細胞内にあるが，細胞が壊れた場合は水中に出てくる．したがって，水の中にはシアノバクテリアの細胞内の毒素と細胞外に出てきた毒素とが共存している．世界保健機構（WHO）の飲料水のガイドラインでは，シアノバクテリアの細胞を含んだ水1l中のミクロシスチンの量をミクロシスチン-LRに換算して1μg（1gの百万分の1）以下と決められている．これまでの記録には，水1l中に25mgのミクロシスチンがあった例や水1l中に3.3mgのアナトキシン-a(s)があった例があるが，これらはシアノバクテリアが水面に厚く堆積したスカム状態の場合である．

シアノバクテリアの毒素の量を支配する要因には外的なものと内的なものがある．外的要因には窒素やリン，微量金属などの栄養条件，温度，光，pH，塩濃度などの物理環境がある．内的要因には細胞の増殖ステージがある．

シアノバクテリアの毒素生産量が最大になる要因を見ると，

アナベナの場合（ミクロシスチン，アナトキシン）

リン：5.5 mg/l（アナトキシン-a の場合はリン量に影響されない）

窒素：空気中の窒素を固定するので要因として除外

温度：15 °C（30 °Cで最小）

光　：25 μM フォトン/m^2・秒

pH　：8.0

毒素量が最大になる細胞の状態：対数増殖期の終り頃（死滅期に最小量）

ミクロキステスの場合（ミクロシスチン）

リン：0.025 mg/l

窒素：1 mg/l（多いほど毒素量が多くなる）

微量金属：Fe，3.4 μg/l（多いほど毒素量が多くなる）

温度：20 °C（30 °Cで最小）

光　：30 μM フォトン/m^2・秒

pH　：9.0（株によって異なる．通常 8-9）

毒素量が最大になる細胞の状態：対数増殖期の終り頃（死滅期に最小量）

という条件が設定できる．

6　シアノトキシンの毒性

シアノトキシンの中にはミクロシスチンのように動物にも植物にも毒として作用する物質もあるが，多くは動物に対してのみ毒性を発現する．これまでに明らかにされたシアノトキシンは肝臓毒，神経毒および皮膚（免疫系）毒に大別される．

6•1　ミクロシスチン

6•1•1　動物への影響

6•1•1•1　急性毒性

ミクロシスチン-LR の毒は青酸カリ（KCN）よりはるかに強いといえる．LR の LD_{50}値はマウスで 32.5-100 μg/kg である[1,2]．この幅は，マウスの年齢（一般に若いほど感受性が高いのであるが，ミクロシスチンの場合は乳を飲んでいる時期のマウスは感受性が低い），系統，性差などによるものと考えられている．ラットの場合はマウスより感受性が低いといわれている．また，ラットを絶食にさせると LD_{50}値が 122 μg/kg から 72 μg/kg に上昇し，腹腔内投与から死亡までの時間が短くなる．マウスおよびラットの直接の死因は出血性ショックと肝機能不全で，死亡時には肝臓が 1.5 倍くらいに肥大している．マウスでは肝組織が破壊され，肝細胞が肺の毛細血管にまで出現する．しかし，ラットではこのような肝細胞の肺血管への出現は観察されていない．

放射性炭素（^{14}C）で標識したミクロシスチンをマウスに腹腔内投与すると，1分以内に全ミクロシスチンの70％が，3時間後には90％が肝臓に集まる．一度肝臓に入ったミクロシスチンは分解，代謝されにくく，6日後も投与ミクロシスチンの70％が肝臓に残っている[3]．そして，ゆっくり少量ずつ解毒酵素系（P 450）による解毒を受ける．

ミクロシスチンの毒発現のメカニズムを調べるために，動物個体を使う *in vivo* 法と初代培養肝細胞を用いる *in vitro* 法が使われているが，*in vivo* と *in vitro* では作用の仕方が違うという説もある．*in vivo* におけるミクロシスチン投与から死亡までの経過を示すと，腹腔内投与後，1分以内にミクロシスチンの70％が肝臓に集まり，20分後には肝実質細胞の細胞膜の変形と細胞質内酵素の漏出，肝臓内出血が起こる．1時間後には胆汁酸分泌停止が起こり[4]，2時間以内に出血性ショックと肝機能不全で死亡する．

以上が毒性発現から死亡までの経過であるが，その間の詳細な観察結果では，ミクロシスチン-LR により肝障害が起こるが，肺には影響を与えない．血中のフィブロネクチン（fibronectin）の増加が認められるが，肺，肝，脾臓中で血小板の濃縮が認められていない．この理由は不明のままである．血漿(しょう)中ではリポポリサッカライドと類似の現象（トロンボキサン B 2，6-ケト $PGF_{1\alpha}$ の上昇）が起きていた．また，肝障害の程度は血中の酵素（ソルビトールデヒドロゲナーゼ，アラニンアミノトランスフェラーゼ，LDH）の活性増加と高い相関があるとの検査結果もある[5]．

6･1･1･2　慢性影響

慢性影響を調べた研究は2，3しか見あたらないが，ミクロキステス・エルギノーサのミクロシスチンを含む細胞抽出液を雄雌のマウスに1年間にわたって経口投与し，病理組織学的検査や臨床化学的検査を行った結果[6,7]，雌よりは雄に慢性肝炎が多く，血中の酵素（アラニンアミノトランスフェラーゼ）活性の上昇が見られた．対照群と低濃度暴露群（ミクロシスチン：$3.5\ \mu g/ml$）では，加齢に伴って好中球の浸潤による肝臓のアミロイドシス

〔臓器細胞にアミロイド（半透明糖タンパク質の顆粒）が沈着する状態〕と気管支炎が見られたが，高濃度暴露群（ミクロシスチン：10.43 μg/ml）ではより早い時期に気管支炎が現れた．高濃度暴露群では11匹中4匹に腫瘍が発生した．一方，低濃度暴露群では，150匹中腫瘍の発生したマウスはいなかった．また，対照群では73匹中2匹に腫瘍が見られた．高濃度暴露されたマウスの親から生まれた73匹の新生児中7匹に脳の萎縮が見られた．以上の結果からミクロシスチンの慢性影響として，1）肝障害，2）変異原性，3）胎仔障害があるとされている．

6·1·1·3 解毒

マウスに致死量に達しない量のミクロシスチンを投与すると，1時間後にはその約70％が肝臓に集まり，残りは12時間以内に尿または糞中に排泄される．排泄されるミクロシスチンはかなり水溶性を増していることから，おそらく抱合体となっていると考えられている．ミクロシスチンの投与によって肝臓のグルタチオンが激減することから，グルタチオンが付加している可能性も指摘されている．ミクロシスチンのシステインやグルタチオン付加物は，毒性がかなり弱くはなるが，依然として毒性がある．肝臓に集まったミクロシスチンの70％は肝細胞の細胞質に貯まり，肝臓に入ったミクロシスチンの20％は6日後も元のままで肝臓に留まっているが，残りは水溶性を増した形に代謝され，排泄される[3)]．したがって，毎日少量のミクロシスチンを摂取すると，肝臓にしだいに蓄積していくことになる．

6·1·1·4 哺乳動物における毒性発現

ミクロシスチンの標的となる細胞は2種類ある．一つは肝臓の肝細胞で，もう一つは腹腔マクロファージという免疫に関係した細胞である．肝細胞ではリン酸化されたタンパク質からリン酸を外す酵素であるプロテインホスファターゼの活性阻害，細胞膜にあるリン脂質分解酵素であるホスホリパーゼA_2の活性化，トロンボキサン（TX）やプロスタグランジン（PG）などの

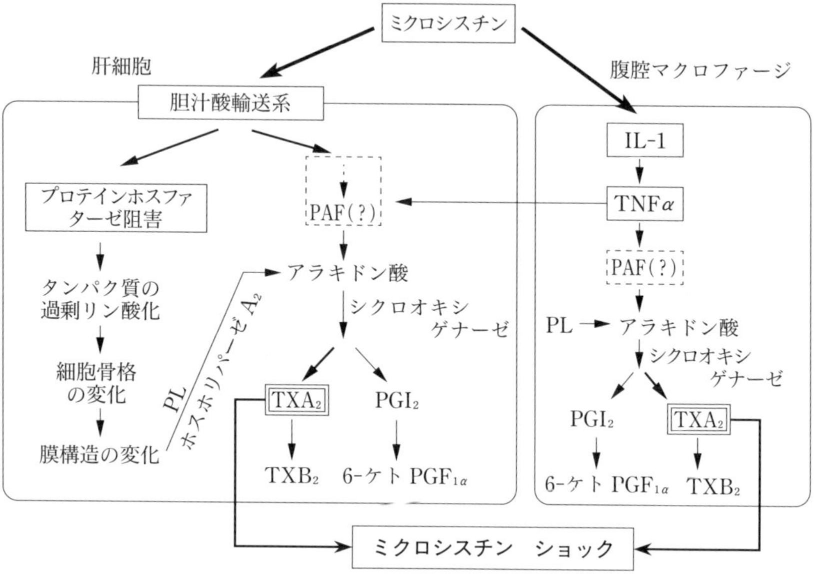

PAF：血小板活性化因子，TX：トロンボキサン，PGI_2：プロスタグランジンI_2，IL-1：インターロイキン-1，TNFα：腫瘍壊死因子 α，PL：リン脂質．
PAF の産生は未確認．

図6•1　ミクロシスチンの作用機構

情報伝達物質をつくるシクロオキシゲナーゼの活性化が起こる．一方，腹腔マクロファージでは，ミクロシスチンによって腫瘍壊死因子（TNFα）と呼ばれる糖タンパク質の産生が起こる．さらに，この TNFα によって血小板活性化因子（PAF）の産生，シクロオキシゲナーゼの活性化が起こり，TXA_2や PG の産生が活発になると考えられている．ミクロシスチンの作用に関するこれまでの知見を整理すると，図6•1のような作用経路を示すことができる[8)]．この作用図をもとに各作用段階を追ってみる．

6•1•1•4•1　胆汁酸輸送システムによるミクロシスチンの取り込み

ミクロシスチンは肝細胞に対して特異的に作用する．繊維芽細胞，ガン細胞，神経細胞など，いろいろな細胞に対するミクロシスチンの作用が調べられたが，ミクロシスチンが細胞内に入れるのは肝細胞だけであった．このことから，肝細胞にはミクロシスチンを能動的に取り込む機能があるに違いないと考えられ，その取り込み機能探しが行われた．このミクロシスチンの能動的取り込みに必要なエネルギーは18 kcal（77 kJ)/M と測定された[9]．ミクロシスチンの濃度が100ナノモル（nM，10^{-9} M）以上になると，肝細胞の変形とともにこの能動輸送の機能も停止する．また，コール酸やタウロコール酸のような胆汁酸によってミクロシスチンの取り込みが阻害されることから，この能動輸送は胆汁酸輸送システムによると考えられている．この説を確認するために，胆汁酸輸送システムの阻害剤であるアンタマニドやリファンビンを投与しておくと，ミクロシスチンの肝細胞への取り込みが抑制される．また，ミクロシスチンを胆汁酸と同時に投与しても肝細胞への取り込みが抑制される．胆汁酸の濃度が100 μM 以上になると完全にミクロシスチンの取り込みが抑えられるそうである．

肝細胞の胆汁酸輸送システムが発達していない生後20日以前の新生仔マウスやラットでは，成熟マウスやラットにおける致死量のミクロシスチンを投与しても致死的影響が現れないが，それらの肝細胞もミクロシスチンに対する感受性が低いことが知られている[10]．新生仔の肝細胞では，胆汁酸輸送系がまだ発達していないからであると説明されている．その証拠として，胆汁酸輸送システムのない繊維芽細胞に，髪の毛より細いガラス管（キャピラリーという）でミクロシスチンを注入すると，肝細胞と同じ毒性が現れる．

このような事実から，ミクロシスチンが肝細胞に特異的に取り込まれるのは胆汁酸輸送システムの働きによることが明らかにされたのである．

6·1·1·4·2　ミクロシスチンの細胞内での挙動

肝細胞内に入ったミクロシスチンの多くはグルタチオンと結合して毒性が弱まるが，一部は毒性の強い構造のままである．この元のままのミクロシスチンは，タンパク質脱リン酸化酵素（プロテインホスファターゼ）の触媒作用をする活性中心に結合し，その活性を奪ってしまう[11]．タンパク質脱リン酸化酵素はタンパク質リン酸化酵素（プロテインキナーゼ）と一緒になって働いている酵素である．細胞内のタンパク質はそれぞれ特定の機能を担っているが，いつも働いているわけではなく，必要な時にだけ働くように調節されている．タンパク質が機能を発揮する時に，タンパク質リン酸化酵素はタンパク質の決められた場所をリン酸化する．リン酸化されたタンパク質は特定の機能を発揮することになる．機能を発揮する必要がなくなると，タンパク質脱リン酸化酵素によってリン酸が外され，元の機能しないタンパク質に戻る．もし，この脱リン酸化酵素が働かなくなったら，どうなるであろうか．細胞の中はリン酸化されたタンパク質でいっぱいになり，細胞は制御不能になって暴走することになる．細胞表面が金平糖のようになってパンクしたり，細胞の分裂が止まらなくなってガン化したりするのは，このような細胞の機能が暴走した証拠の一つなのである．ミクロシスチンとタンパク質脱リン酸化酵素との結合は非常に強く，とても低い濃度のミクロシスチン（10^{-10} M/l）でこの酵素の活性を奪うことが明らかにされている．

細胞の形を保つタンパク質の一つにサイトケラチンというタンパク質がある．このタンパク質の 45 kDa と 55 kDa（分子量 45000 と 55000）の分子は，ミクロシスチンによってタンパク質脱リン酸化酵素 2 A が阻害される[12)]とリン酸が外れなくなる．リン酸化されたサイトケラチンが多くなると膜の変形が起こる．変形につれて，細胞膜に埋め込まれている酵素が活性化したり，不活性化したりする．細胞の変形によって，細胞膜の内側にあるリン脂質を分解するホスホリパーゼ A_2 という酵素が活性化される．ホスホリパーゼ A_2 という酵素の活性化にはカルシウムが必要であるが，細胞の変形によって細胞外のカルシウムが細胞内に流入すると，活性化するのである．ホスホリパーゼが活性化されると，細胞膜の構造体であるリン脂質を分解して，主としてアラキドン酸とリゾリン脂質とが生成する．リゾリン脂質は界面活性の強い物質であるので，細胞膜はさらに脆弱（ぜい）になり，細胞外のカルシウムがさらに細胞内に流入するようになる．カルシウムの流入はホスホリパーゼ A_2 の活性をさらに高めるというように，細胞膜の分解が加速していくことになる．

一方，ホスホリパーゼ A_2 によって生成したアラキドン酸はプロスタグランジン（PG）やトロンボキサン（TX）などに変換される．これらのアラキドン酸代謝物は，臓器によって代謝されてできるものが異なる．血管では血液凝固を促進する作用を持つトロンボキサン A_2 と血液凝固を阻止するプロスタグランジン I_2，胃では胃の粘膜を保護するプロスタグランジン E_2，脳では睡眠を促すプロスタグランジン D_2，子宮では排卵を誘発するプロスタグランジン $F_{2\alpha}$ などがつくられている．

ミクロシスチンによってアラキドン酸代謝が活発化するが，その濃度は肝細胞の形態変化を起こす濃度よりかなり高く，0.1〜1.0 μM 程度の濃度は必要であると考えられている．この活性化で特徴的な点は，シクロオキシゲナーゼの代謝物が増加することである．特にシクロオキシゲナーゼの代謝物として TXA_2 の産生がある．TXA_2 は血液の凝固を促進する作用のほかに，炎症を引き起こす最も強い物質の一つとして知られている．ミクロシスチンによって TXA_2 が増加するということは，ミクロシスチンの毒性発現に炎症反応が関与していることを示すものと考えられる[13)]．ミクロシスチンはスルフヒドリル（SH）基を活性中心に持つ酵素と結合し，酵素を失活させる作用がある．もし，ミクロシスチンがリン脂質代謝の中心的酵素であるアシル-CoA アシルトランスフェラーゼ（活性中心が SH）を失活させるとすると，脂肪酸とリゾリン脂質からリン脂質を合成できなくなり，結果として遊離のアラキドン酸が多くなることになる．しかし，遊離のアラキドン酸の増加だけではシクロオキシゲナーゼの選択的な活性化は説明できない．そこで，これまでまだミクロシスチンによってその増加が直接証明されていない血小板活性化因子（PAF，1-アルキル-2-アセチル-ホスファチジルコリン）の関与を予測した．PAF は生理活性が明らかにされた最初のリン脂質で，白血球，血小板，腎臓，肝臓，肺，心臓などから免疫刺激，トロンビン，エンドトキシン（グラム陰性菌の内毒素）などによって産生される．また，PAF は TXA_2 と連動して血管透過性の亢(こう)進，アナフィラキシーショック

(ヒスタミンによる過敏性ショックのこと),血圧降下,血栓症,消化管出血などに関与していることが明らかにされている.PAFをイヌの静脈内に投与すると,血圧降下,心機能異常,動脈血流減少などの急性循環ショックを起こし,血中のTXA_2の顕著な増加が見られる.これと同様に,ミクロシスチンによって肝細胞でPAFの産生が誘導されるならば,肝臓でのTXA_2の顕著な増加を説明することができる.

6•1•1•4•3 腹腔マクロファージの応答

マウスの腹腔に致死量以下のミクロシスチンを投与すると,血漿中にインターロイキン1(IL-1)と腫瘍壊死因子(TNFα)と呼ばれる2種類の糖タンパク質の濃度が上昇してくる[14].IL-1およびTNFαはマクロファージという異物を処理する細胞でつくられることがわかっているので,腹水から分離したマクロファージをミクロシスチンと一緒に培養したところ,IL-1とTNFαが産生してくるのが確認された.また,TNFαの抗血清の投与によってミクロシスチンの毒性が軽減することもわかった.TNFαのメッセンジャーRNA(mRNA)が腹腔マクロファージと脾臓から検出されている[15].

IL-1やTNFαはサイトカインと呼ばれ,炎症を引き起こす物質(メディエーター)である.IL-1はプロスタグランジン(PG)E_2の産生を誘導し,中枢性発熱を起こさせる.また,IL-1はTNFαの産生を誘導し,TNFαはIL-1や血小板活性化因子(PAF)の産生を誘導することが知られている.ミクロシスチンによるIL-1やTNFαの産生は,グラム陰性菌のエンドトキシンと呼ばれる毒素の場合とよく似ている.エンドトキシンによって腹腔マクロファージからIL-1やTNFαが産生され,これらの作用によって,PGやトロンボキサン(TX)などのメディエーターが誘導される.ミクロシスチンによっても腹腔マクロファージからPGやTXなどのメディエーターの産生が促進される.シャーレの中でマクロファージの培養液にミクロシスチン-LRを少量添加すると,6-ケト$PGF_{1\alpha}$,PGE_2,TXB_2が蓄積してくる．アラキドン酸からPGを合成する酵素を阻害する薬剤を培養液に少量（1 μM程度）添加しておくと，これらのPGやTXの産生を抑えることができる．ミクロシスチンによって腹腔マクロファージからIL-1，TNFα，PGE_2，6-ケトPG$F_{1α}$，TXB_2が産生されるということは，ミクロシスチンの作用の一つに炎症反応があることを意味している．TXB_2の蓄積は前駆体であるTXA_2の産生が起こっていることを示している．TXA_2はアラキドン酸代謝で産生する物質の中で最も強力な血小板凝集作用，血管収縮作用そして炎症作用を持っているが，不安定で，安定なTXB_2へと変換される．また，TNFαをマウスに投与した場合の症状とPAFを投与した場合の症状とはまったく同じであり，PAFの拮抗剤によってTNFαの作用が抑えられることから，TNFαの作用の発現にPAFが関与していると考えられている．さらに，PAFの投与によってTXB_2や6-ケトPG$F_{1α}$の顕著な増加が起こることが確かめられている（図6・1）．これらの現象はミクロシスチンによって腹腔マクロファージで起こる現象と同じであり，ミクロシスチンによって腹腔マクロファージでPAFが産生していることを示すものと解釈されている．

ミクロシスチンによって起こる種々の現象を整理すると，ミクロシスチンによって腹腔マクロファージでIL-1が産生し，IL-1によってTNFαの産生が誘導される．TNFαはPAFの産生を誘導し，ホスホリパーゼA_2の活性化を通してアラキドン酸をリン脂質から遊離させ，アラキドン酸代謝系のシクロオキシゲナーゼの活性化が起きる．これらの作用によってPGI_2，PGE_2，TXA_2が産生し，種々のメディエーターとして働き，PGI_2，TXA_2は安定型の6-ケトPG$F_{1α}$，TXB_2へとそれぞれ変換されて蓄積する．腹腔マクロファージで産生されたIL-1，TNFα，PAF等は肝細胞にも作用し，肝細胞でのTXやPGの産生をさらに促進することによって毒性を発現するものと考えられている．また，TNFαの抗血清によるミクロシスチンの毒性の軽減は，抗血清によるPAFの産生の抑制によるものと解釈されている．

6･1･1･5 ミクロシスチンの発ガン性

ミクロシスチンにはガンの発生を助長する作用（助ガン作用，発ガンプロモーター作用）があるといわれている[16]．発ガンプロモーター作用は，プロテインホスファターゼの阻害によるタンパク質の過剰リン酸化およびTNFαの産生によると考えられている．TNFαは体内で作られるタンパク質であるが，それ自身発ガンプロモーター作用があるといわれている．

ミクロシスチンと類似の構造を持つノジュラリンは，腫瘍を発生させる性質と発ガンプロモーター作用の両方があるといわれている[17]．その作用はジエチルニトロソアミンよりかなり強いことが確かめられている．ミクロシスチンとノジュラリンの作用の違いは，デヒドロアラニンとデヒドロブチリンの違いであろうと考えられている．最近，ノジュラリンと同じデヒドロブチリンを持つDhb-ミクロシスチンが北部ヨーロッパのプランクトスリックスやノストックなどのシアノバクテリアから発見され（4章文献3），それらの発ガン性に関心が集まっている．

6･1･1･6 種々の動物における毒性発現

ミクロシスチンをニホンウズラに投与して，その毒性が調べられたことがある（表6･1）．ウズラではミクロシスチンによって肝臓は肥大しなかった．しかし，脾臓が肥大するという現象が起きる．脾臓ではリンパ球が著しく増加していた．また，筋胃，小腸，肝臓，皮下に出血があった．ウズラにおけるミクロシスチンの腹腔内投与から死亡するまでの時間は，マウスやラットの場合の1～3時間に比べて14～18時間と長いことなど，ウズラでは多く

表6･1 マウスとウズラに対するミクロシスチンの作用の違い

	LD_{50} (μg/kg 体重)	投与してからの生存時間	肥大臓器	出血臓器
マウス	110	1～3時間	肝臓	肝臓
ウズラ	260	14～18時間	脾臓	筋胃，肝臓，小腸，皮下

の点で哺乳動物の場合と症状が異なっていた[18]．ミクロシスチンによるウズラの症状は，多くの点でエンドトキシンによるマウスの症状に酷似していた．肝臓で起こるはずのプロテインホスファターゼの阻害による肝細胞の骨格タンパク質の過剰リン酸化とそれに伴う細胞の破壊，そして血液の凝固による肝臓の肥大といった一連の現象が見られなかったことは，ミクロシスチンがウズラの肝細胞の胆汁酸輸送系を介して細胞内に取り込まれなかったことを意味しているものと考えられる．

おそらく，ウズラではミクロシスチンによって肝臓ではなく，腹腔マクロファージで IL-1，TNFα，PAF，TXA_2，PGE_2そしてPGI_2等が産生し，炎症反応によるエンドトキシンショックと似た症状が起こったものと考えられた．

ミクロシスチンは魚類に対しても毒性を示す．コイの腹腔内にミクロシスチン-LR を投与すると哺乳動物と同様に肝臓が肥大して死に至ること，その LD_{50}は 550 μg/kg であることなどが調べられている．また，金魚の場合は LD_{50}が 2.6 mg/kg という値が求められている[19]．金魚の LD_{50}値はマウスの実に 26 倍に相当する．コイや金魚はミクロシスチンを生産するシアノバクテリアがたくさんいるところ（アオコの出ているところ）でも平気で生きている．コイや金魚はなぜ平気なのであろうか．湖で観察していると，湖面には所々にひも状になったコイやフナの糞が浮かんでいる．この糞を培養すると，糞に入っているシアノバクテリアの細胞のほとんどが生きているのが観察される．つまり，コイやフナはアオコの細胞をあまり壊さないようにして，細胞の周りのシースと呼ばれる寒天質の鞘（さや）の部分だけをはがして消化しているようなのである．それでも，少しの細胞は壊れてミクロシスチンが消化器内に出てくるはずである．コイやフナの腸管には水素添加酵素を持つ腸内細菌が生息している．この酵素は，ミクロシスチンの Adda の二重結合に水素を付加させてミクロシスチンの毒性を失わせる働きをしているのかもしれない．

一方，サケやマスをミクロシスチンを生産するシアノバクテリアの中で飼育すると肝臓疾患（ネットペン病）になる[20]．ミクロシスチンの魚類に対する毒性は魚種によってかなり異なるようである．

ミクロシスチンがいろいろな湖沼から検出され始めた頃，食用の淡水貝にミクロシスチンが濃縮されるのではないかということが心配された．そこで，貝を用いた毒性実験が行われた．ミクロシスチンは二枚貝に対して毒性を示さなかった．そして心配していた通り，二枚貝にミクロシスチンが濃縮されていたのである．ミクロシスチンを濃縮する生物は二枚貝の他ゾウミジンコが知られている（p. 32 参照）．

ミクロシスチンは蚊の幼虫であるボウフラ，ミジンコ，ワムシ，ゾウリムシなどに対しても毒性を示すことが調べられているが，それらの感受性には大きな違いがある．おそらく，毒性の発現の機構が違うのであろう．

6･1･2　植物への影響

ミクロシスチンは哺乳動物のプロテインホスファターゼを阻害すると述べてきた．プロテインホスファターゼは哺乳動物に限らず，植物を含む真核細胞で構成されるすべての生物にあって，細胞の分化，生物の代謝調節や成長に深くかかわっている酵素である．従って，この酵素を阻害するミクロシスチンは動物だけでなく植物にも影響を与えるはずである．しかし，植物では，分子量が 1000 前後もあるミクロシスチンは吸収されにくいのではないかと考えられていた．

イギリスで，ミクロシスチンを含む水をジャガイモ畑に散布し，ジャガイモの葉がすべて枯れてしまったという出来事が，ミクロシスチンによる植物の被害が具体的に示された事例として世界中に紹介されたことがあった．

ミクロシスチンを植物の葉に着けた場合，葉は光合成の電子伝達系を遮断されて枯れてしまう[21]．また，植物のホルモンの代謝や輸送にも影響するという実験結果もある．

マスタードやホウレンソウの種子を用いた実験では，5 μg/ml のミクロシスチンで種子の発芽時における根毛の成長が阻害されること[22]，植物ホルモンであるオーキシンの代謝調節に異常が生じることなどが明らかにされている[23]．また，ミクロシスチンは根から吸収されて植物内に濃縮されることがラジオアイソトープ（放射性同位体）を使った実験から明らかにされている．

6•2　エンドトキシン

エンドトキシン（endotoxin，細胞内毒素の意）とはグラム陰性細菌の細胞壁を構成するリポポリサッカライド（LPS）のことであり，毒性がある．LPS は脂肪酸とリン酸と糖が結合したリピド A と呼ばれる毒性を発現する最小単位が重合したものである．このグラム陰性菌特有の毒素がシアノバクテリアから分離された．乾燥したシアノバクテリア 1 g 当たり 6～7 mg の LPS が含まれ，その 30～40 %がリピド A であるとの報告がある．シアノバクテリア ミクロキステス・エルギノーサの LPS をマウスの腹腔内に 1 匹当たり 1.0～1.2 mg 投与すると，48 時間以内にすべてのマウスが死亡したという報告がある[24]．

エンドトキシンの毒性発現には，なお不明な点が多く残されている．その理由は，エンドトキシンは毒性をもつだけでなく，生体防御にも働くからなのである．エンドトキシンには抗腫瘍，感染防御，インターフェロン産生，アジュバント〔抗原の免疫反応を著しく亢進させる物質をアジュバント（adjuvant）という．アジュバントには水酸化アルミニウムや鉱物油などが知られている〕活性などの作用があり，これらは生体側からみれば有益な作用といえる．一方，細胞に対しては直接傷害を与えるとともに，種々のメディエーター〔カテコールアミン，ヒスタミン，セロトニン，ブラジキニン，補体，プロスタグランジン類，血小板活性化因子（PAF），腫瘍壊死因子（TNFα）など〕の産生，放出を促進し，これらのメディエーターの作用によって，血圧降下，心機能抑制，呼吸機能異常，乏尿，血液凝固などの症状を引き起こしながら，循環不全による臓器の有効血流量の減少，組織や細胞の代謝障害を生じ，播種性血管内凝固や多臓器不全などの重い症状となり，死に至る．エンドトキシンの作用を受けるおもな臓器は肺臓，心臓，肝臓，腎臓や消化器などである．

エンドトキシンは白血球，血小板，血管平滑筋，血管内皮細胞などに作用してホスホリパーゼ A_2を活性化することにより，アラキドン酸を遊離させ，アラキドン酸の代謝物であるエイコサノイドの産生を促進させる．エイコサノイドの一つであるトロンボキサン A_2（TXA_2）は強い血小板凝集作用と血管収縮作用を持ち，おもに血小板で産生している．エンドトキシンショックにおける肺臓，腎臓，腸間膜動脈の収縮による臓器循環傷害，血小板減少症などは TXA_2の関与によるものである．

エンドトキシンをラットの静脈内に投与すると，血漿中の TXB_2（TXA_2の安定な代謝物）と 6-ケト $PGF_{1\alpha}$（PGI_2の安定な代謝物）の増加が見られ，血小板減少，リソソーム酵素の上昇，肝機能異常，腹部動脈閉塞が起こり，死亡する．TXA_2の合成阻害剤の投与によりこれらの症状が改善され，ラットは回復する．また，血小板凝集抑制作用のある PGI_2の投与によっても幾分回復する．その他エンドトキシンの投与によってロイコトリエンの産生も増加することが認められている．特に，ロイコトリエン（LT）の C_4（LTC_4）と LTD_4がエンドトキシンショックに関係していることが明らかにされている．

これらの現象から，メディエーターの作用を上流から順にみると，エンドトキシン→ IL-1 → TNFα → PAF → TXA_2，PGI_2，LTC_4および LTD_4となる．この流れはミクロシスチンと基本的に同じで，現れる症状も多くの点で共通している．エンドトキシンによって産生されるメディエーターの中でどれが最も重要な作用を示すのか，現在のところ明らかではない．ミクロシスチンの場合と同様に，多くの炎症関連物質が複雑に絡み合って，エンドトキシンショックという症状を示しているのであろう．TXA_2やロイコトリエンの合成阻害剤が症状を回復させるという事実は，これらのエイコサノイドが毒性発現と深くかかわっていることを示しているのかもしれない．

6•3　アナトキシン

6•3•1　アナトキシン-a

アナベナ・フロス-アクアエから神経毒が単離され，アナトキシン-a と名付けられた．分子量はわずか 165 のアルカロイドである．

アナトキシン-a は神経の伝達に重要なアセチルコリン受容体（図 6•2）に作用し，脱分極による神経筋のシナプス伝導を遮断する神経毒である．症状として，歩行困難，視野朦朧（もうろう），筋束れん縮，喘（あえ）ぎ呼吸，けいれんなどが顕著に見られる．投与後数分から 2 ～ 3 時間以内に呼吸停止によって死亡する．マウスの腹腔内投与の場合，LD_{50}は約 200 μg/kg で，4 ～ 7 分後に死亡する[8]．

6•3•2　アナトキシン-a(s)

カナダのサスカッチワンの湖で採取されたアナベナ・フロス-アクアエからアナトキシン-a とは異なる神経毒が見つけられた．この神経毒は分子内にリン酸基を含む分子量 253 のアルカロイドで，アナトキシン-a(s) と名付けられた．(s) は salivation（流涎（ぜん）症，よだれをだらだら流す症状）の s だそうである．ヒヨコに投与した場合，アナトキシン-a と同様に体を反り返らせた状態で硬直する．マウスに投与した場合は，よだれや涙を流す．一

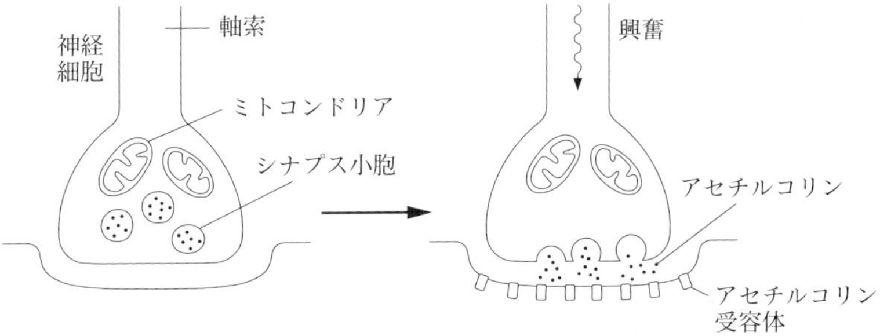

図 6•2　アセチルコリン受容体と神経伝達

方，ラットの場合は涙腺から出血する血涙症となる．症状の進行にともなって，尿失禁，筋脱力，筋束れん縮症状を示し，呼吸困難によるけいれんをともなって投与後10〜30分で死亡する．アナトキシン-a(s)をマウスの腹腔内投与したときの LD_{50} はおよそ20 μg/kgである．これはアナトキシン-aの場合より10倍高い値である．アナトキシン-a(s)の投与によって血漿中のコリンエステラーゼが低下する．アナトキシン-a(s)350 μg/kgをラットに投与した場合，血漿中のコリンエステラーゼ活性は完全になくなる．このことはアナトキシン-a(s)がコリンエステラーゼの阻害作用を持つことを示している．コリンエステラーゼの阻害は脳を除くすべての組織で見られる（図6•3）．アナトキシン-a(s)のコリンエステラーゼの阻害は有機リン系コリンエステラーゼ阻害剤や毒ガスのサリンと同じメカニズムで行われる．つまり，ミカエリス—メンテンの式で表される．

$$\mathrm{EOH}+\mathrm{IX} \underset{K_2}{\overset{K_1}{\rightleftarrows}} \mathrm{EOH\ (IX)} \xrightarrow[\mathrm{HX}]{K_3} \mathrm{EOI} \xrightarrow[\mathrm{H_2O}]{K_4} \mathrm{EOH}+\mathrm{H}+\mathrm{IO}^-$$

この式でEOHはアセチルコリンエステラーゼなどの酵素，IXは阻害剤〔有機リン系阻害剤であるDEP（diisopropyl fluorophosphate）やアナトキシン-a(s)やサリン，IXのIは阻害剤のリン酸基やカルボキシル基などの酸の部分を，Xはアナトキシン-a(s)やアセチルコリンの塩基の部分を指す〕，EOH（IX）はミカエリス—メンテン型の酵素—基質（阻害剤）複合体，EOIは反応中間体とすると，この反応の平衡定数は K_1/K_2，反応中間体（この場合はアナトキシン-a(s)のリン酸基がアセチルコリンエステラーゼの活性中心に結合した状態）の生成定数は K_3 で表される．HXはIXが分解され塩基部分が外れたことを意味する．アナトキシン-a(s)とアセチルコリンエステラーゼとの反応の特徴は，アナトキシン-a(s)が酵素に不可逆的に結合すること〔$K_4 \fallingdotseq 0$ となる，つまり，いったん活性中心に入ると外れなくなる状態．阻害剤でない場合は水（H_2O）が関与してEOIが加水分解され，EOHと酸になる〕，そしてその阻害は非競争的（活性中心以外の

6・3 アナトキシン

コリンエステラーゼの酵素反応とアナトキシン-a(s)による酵素の再生阻害

アセチルコリンエステラーゼ
の活性中心の構造

アセチルコリン

正常な酵素反応

酵素―基質
複合体

アセチル化された酵素

酵素の再生と酢酸の生成

アナトキシン-a(s)による酵素の再生阻害

酵素―基質
複合体

リン酸化された酵素

リン酸が外れにくく
酵素が再生されにくい
(きわめて遅い)

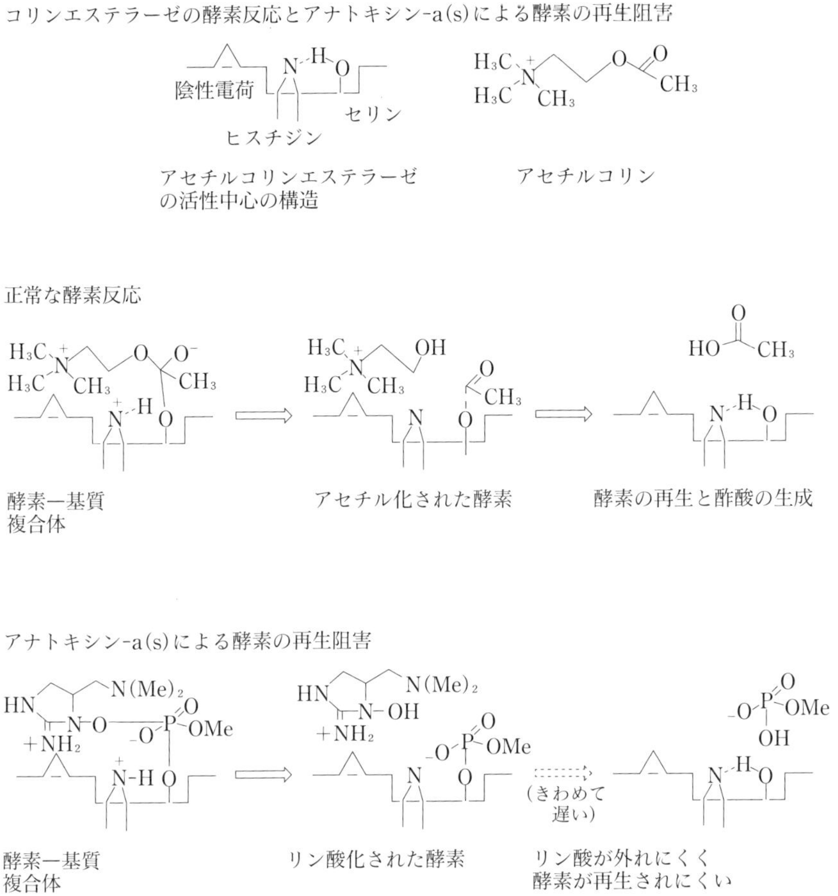

図6・3 コリンエステラーゼの阻害

ところとも結合して酵素の形を歪めることによって酵素を失活させる阻害様式のこと)である.種々の解析の結果,アナトキシン-a(s)はDFP(代表的なコリンエステラーゼの阻害剤)に比べて22倍ほど阻害活性が強いことが明らかにされている.

アナトキシン-a(s)とアセチルコリンエステラーゼとの結合についてこれまでに明らかにされたことは,アセチルコリンエステラーゼにアナトキシン

-a(s)が2分子結合し，1分子は活性中心に，もう1分子は活性中心に結合したアナトキシン-a(s)からおよそ5オングストローム離れたところにある表面が陰性荷電した疎水領域に結合していることである．アセチルコリンエステラーゼの活性中心はセリン残基の水酸基であり，そばにあるヒスチジンとアスパラギン酸またはチロシンを含む荷電移動システムによって高い反応性を保持している．反応にはカルボン酸のエステルのほか，4級アンモニウムの窒素と疎水結合するメチル基が必要である．反応中間体はセリンの水酸基がアセチル化された状態である．

アナトキシン-a(s)による阻害が，有機リン系阻害剤のように活性中心のセリンの水酸基にリン酸がエステル結合することだけで起こるのであれば，この阻害は競争的であり，可逆的であるはずである．それはこの阻害反応が基質と阻害剤とのどちらがより強く活性中心に結合するかという競争であり，結合したリン酸エステルはゆっくりと切れて酵素の活性が回復するからである．また，疎水領域周辺の陰性荷電部位が阻害の原因であるとするならば，その阻害は非競争的であり，陽イオン分子によって阻害が阻止されるはずである．しかしながら，実際は強い陽イオンであるテトラメチルアンモニウムによってもアナトキシン-a(s)の阻害効果はわずかしか減少しない．これらのことから，アナトキシン-a(s)の阻害は活性中心のセリンのリン酸エステル化と，もう1分子のアナトキシン-a(s)が酵素の疎水領域に結合することによる三次元構造のゆがみによるものと考えられる．活性の中心と疎水領域との距離がおよそ5オングストロームの近さであることから，この両分子が相乗的に影響しあっているのかもしれないが，まだ明らかにされていない[8)]．

6･4　アファントキシン

アファニゾメノン・フロス-アクアエから神経毒が単離され，アファントキシンと名付けられた．この神経毒はサキシトキシンとネオサキシトキシンの1：10の混合物であった．サキシトキシンは麻痺性貝毒の毒素として恐れられている．マウスの腹腔内に投与した場合の LD_{50} は5 mg/kgで，投与後15分以内に死亡する．アファニゾメノン・フロス-アクアエ NH-5という株では，乾燥重量1 gの細胞から1.3 mgのネオサキシトキシンと0.1 mgのサキシトキシンが分離されている．サキシトキシンは細胞ナトリウムチャネルを閉塞してその機能を損なわせる．特に神経伝達が遮断されることによって死に至る．この作用はフグ毒であるテトロドトキシンの作用と同じである．その作用機構はよく研究されており，サキシトキシンのグアニジウム基が神経細胞の外側からナトリウムチャネルの入り口を塞ぐことによって毒性が発現することが明らかにされている[25)]（図6•4）．ナトリウムチャネルの構造は細胞の種類や動物の種類によって異なることが知られている．したがって，現れる症状も動物によって異なる場合がある．ナトリウムチャネルの

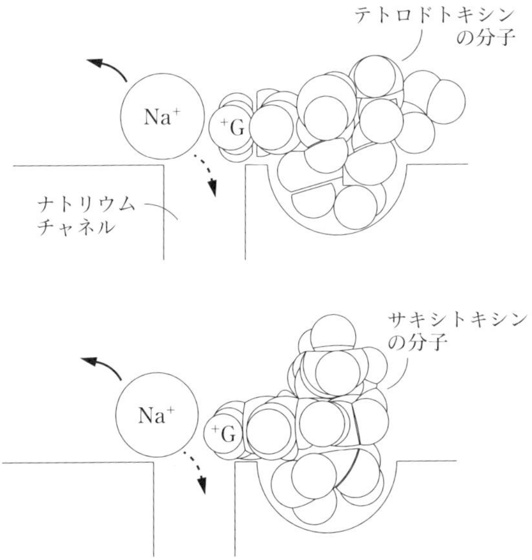

図6•4　テトロドトキシン（フグ毒）とサキシトキシン（アファントキシン）による細胞膜のナトリウムチャネル閉塞機構
Gはグアニジル基を示す．グアニジル基は強いプラス（+）荷電の基で，ナトリウムのプラス（+）荷電を排斥しナトリウムチャネルに近づけないようにする．

構造の違いを示す例として，イモガイの神経毒はジオグラフトキシンと呼ばれる22個のアミノ酸からなるポリペプチドであるが，この神経毒は骨格筋のナトリウムチャネルを阻害する．しかし，神経や心筋のナトリウムチャネルに対してはほとんど作用しない．

6•5　シリンドロスパモプシン

この毒素はオーストラリアの熱帯域に生息するシリンドロスパモプシス・ラシボルスキーから分離された肝臓毒である．このシアノバクテリアの細胞破砕液をマウスの腹腔内に投与すると，肝臓，腎臓，副腎，肺，心臓，脾臓，胸腺の組織に壊死が起きると報告されている[26,27]．しかし，精製したシリンドロスパモプシンをマウスの腹腔内に投与した場合，壊死の起きる臓器は肝臓だけで，LD_{50}は200 μg/kgであると報告されている[28]．細胞破砕液と精製毒素との症状の違いから，シリンドロスパモプシス・ラシボルスキーには特に腎臓に傷害を与える別の毒素があるのではないかと考えられている．シリンドロスパモプシンの毒性はタンパク質の合成阻害やグルタチオンなどのペプチドの合成阻害によって発現すると考えられているが[29]，詳しいことはまだわかっていない．

6•6　海産シアノバクテリアの毒素

ハワイや沖縄では，遊泳者がリングビア・マジュスカラ（*L. majuscula*）というシアノバクテリアに接触して皮膚炎になる事故がよく起きている．この皮膚炎はシアノバクテリアに接触してから12時間以内に炎症として起きるものである．この炎症を起こす物質はアプリシアトキシンと呼ばれている．アプリシアトキシンは細胞のプロテインキナーゼCを活性化させ，皮膚ガンの発生を促進させる作用を持っている[30]．マウスに対するLD_{50}は300 μg/kgである．リングビア・マジュスカラは，ときにはフィリピンやインドネシアで食用にされている海藻 *Acanthophora spicifera* に付着して中毒を起こすことがある．アプリシアトキシンは皮膚に炎症を起こさせることから，炎症の発現に関連する PAF，TNFα，IL-1，TXA_2 などが関係すると考えられているが，詳細は明らかではない．

6·7　チオンスルフォリピド

琵琶湖の稚アユが大量死した水域からシネコッカスと呼ばれる小さいサイズのシアノバクテリアが分離され，このシアノバクテリアからチオンスルフォリピドと呼ばれる魚毒が分離された．魚毒性は分子内のチオ *O*-酸エステルの加水分解によって生成する硫化水素（H_2S）によるものと考えられているが[31]，詳細は不明である．

7　シアノトキシン中毒の治療

シアノトキシンにはミクロシスチン，ノジュラリンのような環状ペプチドと，アナトキシン，サキシトキシンのようなアルカロイドとがある．これらの中で，ミクロシスチンの中毒になる例が最も多く，治療法の研究も行われている．しかし，その他の毒素についての治療法はほとんど研究されていない．ここではミクロシスチン中毒の治療を中心に話を進めたいと思う．

ミクロシスチンが体内に入ると，比較的解毒されにくいようである．体に入ったミクロシスチンの20％は1週間後も体内に残る．従って，毎日ミクロシスチンの入った水を飲み続けると，体内濃度はどんどん高くなることになる．体内ではミクロシスチンの毒性を弱め，体外に出すために，グルタチオン（GSH）がミクロシスチンに結合する（図7･1）．一定量を越えたミクロシスチンが体内に入ると，グルタチオンだけでは対処できなくなり，中毒になる．

アメリカの牧場で起きた中毒事故の治療例を紹介する．

その1

シアノバクテリアが増殖している池の水を飲んだ5頭の乳牛がミクロシスチン中毒になった．早速，獣医に連絡し，乳牛に活性炭，グルコース，グルクロン酸カルシウムとマグネシウムを投与したところ，10日後には正常な臨床検査値になったという報告がある．

その2

同じくアメリカの牧場で，60頭の乳牛のうち20頭がミクロシスチン中毒

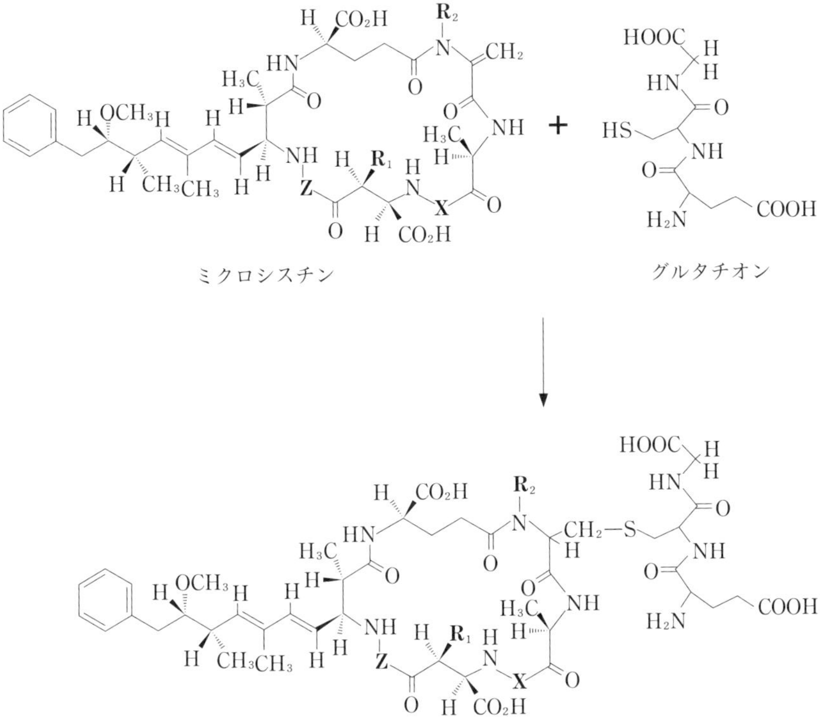

ミクロシスチン—グルタチオン複合体

図 7・1　ミクロシスチンの排出機構

ミクロシスチンは肝臓でグルタチオンと結合して排出される．グルタチオンの結合したミクロシスチンの毒性は弱くなるが，無毒になることはない．X，Z，R_1，R_2については図 4・2 参照．

になり，その中の 9 頭が脱水症状で死亡した．残りは徐々に回復したように見えたが，肝機能は正常ではなく，血液中のアルカリホスファターゼ，γ-グルタミルトランスフェラーゼ（γ-GT），アスパラギン酸トランスフェラーゼ，乳酸脱水素酵素（LDH）の活性が高い値を示していたという報告もある．

ミクロシスチンの毒性の発現に関与するのは，1）肝細胞の胆汁酸輸送系，2）プロスタグランジン生成酵素の活性化，3）インターロイキン-

1 (IL-1)，腫瘍壊死因子（TNFα）による炎症発現，等であり，これらの関連機能や，酵素の阻害剤が治療薬として有効であることが確かめられている．

7·1　ミクロシスチン

7·1·1　抗酸化性物質

ミクロシスチンを含むシアノトキシン中毒になったことが確認されたら，還元型グルタチオン（GSH）の投与が毒性を軽減する．ミクロシスチンの場合はGSHが付加し，直接毒性を弱める．アナトキシンなどの神経毒の場合も毒性を軽減するが，これは直接的な作用ではなく，間接的な作用のようである．

細胞膜と結合するビタミンEやシリマリンなどの抗酸化性物質もミクロシスチンの毒性を軽減する．特にフラボノイド化合物であるシリマリン[1,2]は，アラキドン酸からつくられる炎症発現物質ロイコトリエンの生成の重要な酵素であるリポオキシゲナーゼを特異的に阻害し，酸化的ストレスにおけるフリーラジカルの生成を抑える．

7·1·2　抗腫瘍壊死因子（TNFα）血清

ミクロシスチンの刺激によって腹腔マクロファージからTNFαが分泌され，TNFαは炎症発現物質であるロイコトリエンの生成を促進する．TNFαに対する抗体を投与すると，体内のTNFαと結合するので炎症が軽減される．また，肝臓のダメージも少なくなる．投与量によっては速やかに正常な状態になる[3]．

7·1·3　抗炎症剤

結果として，ミクロシスチンは肝細胞と腹腔マクロファージでアラキドン酸のシクロオキシゲナーゼの活性を高めることになる．抗炎症剤のグルココルチコイドは，ホスホリパーゼ A_2 の活性を阻害することによってアラキドン酸の遊離を抑える．また，プロスタグランジンの合成を抑制したり，分解を促進したりする．フルオロシノロン[4]，デキサメタゾン，ヒドロコルチゾンなどのグルココルチコイド系の薬剤は，ミクロシスチンによって引き起こされるアラキドン酸の遊離と，アラキドン酸から誘導される6-ケトプロスタグランジン $F_{1\alpha}$（6-ケト $PGF_{1\alpha}$）とトロンボキサン B_2（TXB_2）の産生を抑制する．その抑制の強さはフルオロシノロン＞デキサメタゾン＞ヒドロコルチゾンの順になるそうである．

7・2　アナトキシン-a(s)

アナトキシン-a(s)は有機リン系神経毒である．同じ作用を示す化学合成毒物としてジイソプロピルフルオロホスフェート（DFP）や，地下鉄サリン事件で有名なサリンがある．これらの神経毒はコリンエステラーゼを不可逆的に阻害することによって毒性が発現する．症状としては瞳（ひとみ）が小さくなる縮瞳（どう），涙やよだれが止まらなくなったり，嘔吐や下痢，情緒不安定，昏睡，けいれんなど（ムスカリン性作用と呼ばれている）が起きる．治療薬としてチョウセンアサガオ等の植物に含まれているトロパンアルカロイドの一種のアトロピンという毒素が使われているが，アトロピンは瞳孔を開かせる働きのある毒素なのである．つまり，アナトキシン-a(s)と逆の作用をするアトロピンという毒素で，アナトキシン-a(s)の毒性を中和するということになるのであろう．正に，「毒を以て毒を制す」の言葉の通りである．

8　シアノトキシンの行方

シアノバクテリアの細胞にも生と死がある．細胞を培養すると，最初は増殖も遅く，なかなか増えてこない（遅滞期）．やがて，細胞は活発に分裂を始め，培養液が濁って見えるようになってくる．細胞数は対数的に増えてくる（対数増殖期）が，やがて増殖のスピードが遅くなり，増殖が止まり，わずかずつ減少し始めるようになる（静止期）．しばらくすると今度は細胞の数が急激に減少し始める（死滅期）．やがて，細胞はすっかり消えてしまう．細胞は対数増殖期であっても 10％以下の割合で死んでいるといわれている[1)]．シアノバクテリアの毒素は細胞内に貯蔵されている毒素であるが，対数増殖期でも 10〜20％程度の毒素が培養液に出てきている．細胞の死によって，細胞から溶け出てきたものである．細胞外の毒素の量は静止期にはさらに多くなり，死滅期にはほとんどが細胞外へ出てしまうことになるのであるが，死滅期の細胞では，毒素をつくる系より分解する系が勝ってきているので，毒素は細胞内で分解して少なくなってくる．分解した分だけ細胞外へ出る量は少なくなることになる．

シアノバクテリアが大量に発生している湖沼では，0.1〜1 μg/l のミクロシスチンがシアノバクテリアを含まない水から検出されている[2)]．しかし，機械的に細胞を壊したり，硫酸銅などの薬剤で細胞を壊したりすると，細胞内のミクロシスチンがすべて溶出してしまうので，水中のミクロシスチン濃度は数十 μg/l にも達する．ミクロシスチン以外のシアノトキシンについても同じような結果が報告されている．水中に出たシアノトキシンは水生生物に取り込まれたり，分解されたりする．また，光や酸化剤で異性化や分解も起きる[3)]．

8•1　ミクロシスチン

ミクロシスチンは環状ペプチドで，分子内に酸化されやすい部分を含んでいる．しかし，水を煮沸した程度では壊れない．水道の殺菌に用いられている塩素処理でも弱アルカリ（普通の湖沼水は pH 8 くらい）や中性では毒性が弱くなるが，なくなることはない．紫外線の照射やオゾン処理では比較的速やかに分解する．また，太陽光下でミクロシスチンとクロロフィルやカロテンなどの色素が共存すると毒性の弱い構造に変わり，分解する．条件によるが，2 週間から数週間で 90 %以上が分解するといわれている．また，フミン酸やポリフェノールが水中に存在（2〜20 mg/l）していると，夏の強い太陽光下で 40 %/日の割合で分解するとの報告があるが，水が少し濁っただけで，分解速度はかなり遅くなるようである[4)]．水中に出たミクロシスチンの約 20 %は底泥の表面に吸着すると考えられている．しかし，吸着は底泥の表面積，表面の荷電状態，水中の陽イオン濃度など多くの要因に支配されている．自家水道で用いられる砂濾（ろ）過装置はミクロシスチンの除去効果がまったくないという実験結果もある．

水中には動物プランクトンやバクテリア等の水生生物がたくさんおり，それらの持つペプチドを壊す酵素（ペプチダーゼ，peptidase）でミクロシスチンやノジュラリン等の環状ペプチド毒が分解される．分解するバクテリアは特殊なものではなく，通常シアノバクテリアと共存しているバクテリアである．湖の水や湖底の泥，岸辺の泥などからミクロシスチン分解バクテリアが見つかっている．しかし，フィンランドからの報告には，冬に採取した河の泥とミクロシスチンを混ぜて室温に 3 カ月おいても，ミクロシスチンはまったく分解しなかったということが記述されている．このような所ではミクロシスチンがどんどん蓄積することになり，人や家畜の健康だけでなく，水辺の植物の発芽や生育にも影響を与えることになる．通常，ミクロシスチン分解菌がいる湖沼では，2～10日間ほどで90％程度のミクロシスチンが分解する．バクテリアの増殖因子を1ppm程度散布すると，もっと速くミクロシスチンが分解する．ミクロシスチンをつくるシアノバクテリア（ミクロキステス・エルギノーサ）を含む霞ヶ浦の水にバクテリアの増殖因子を5ppm添加すると，バクテリアが100倍近くに増え，2日間でミクロシスチンは完全になくなった．このように分解速度はバクテリアの生菌数によって変動するが，水温やミクロシスチンの濃度によっても変動する．

オーストラリアの湖からミクロシスチンの分解菌スフィンゴモナス（*Sphingomonas*）が分離された．この菌はミクロシスチンの環を開く酵素を持っている[2)]．環が開いて直鎖状になったミクロシスチンの毒性はいったん強くなり，その後，元の200分の1以下に低下したということである（図8･1）．この直鎖ミクロシスチンはさらに分解され，毒性が完全になくなったと報告されている．また，この菌はミクロシスチンと類似の構造を持つノジュラリンをまったく分解できないとも述べている．

日本でもミクロシスチンを分解する菌が分離されている．世界中で多くのミクロシスチン分解菌が分離されているが，スフィンゴモナスが多いようである．タイのカセサート大学の構内からシアノバクテリアの細胞を壊す滑走細菌が分離されている．

また，シアノバクテリアを食べる原生動物〔ポテリオオクロモナスやアウラコモナス（図8･2）などの鞭毛を持つ原生動物〕も何種類か中国，タイ，日本で分離されている[5)]．しかし，ミクロシスチンを水源から除くために，大量のこれらの細菌を湖沼に散布した場合，水源でどのような生態系の変化や水質変化が起きるのかは不明である．

8･2 その他のシアノトキシン

純粋なアナトキシン-aは光のないところでは比較的安定であるが，太陽

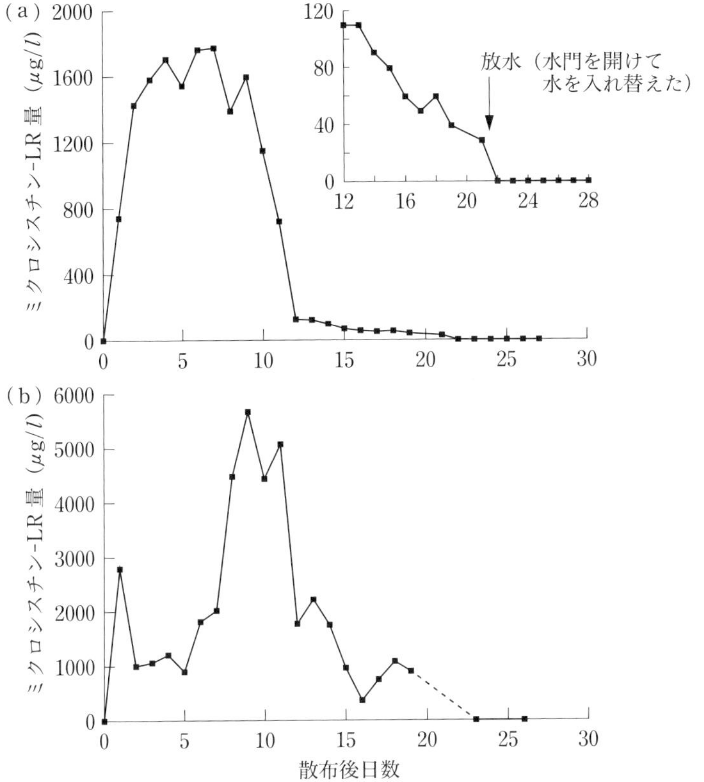

図 8・1 湖沼におけるミクロシスチンの分解

硫酸銅散布によって細胞から溶けだしたミクロシスチン量とプロテインホスファターゼ阻害活性の経時的変化(8章の文献2より改変). a:高速液体クロマトグラフ装置によって求めたミクロシスチン量. b:プロテインホスファターゼ阻害活性より求めたミクロシスチン量. 水中の微生物によるミクロシスチンの分解過程でプロテインホスファターゼを強く阻害するペプチドが生成したことを示している.

光下では速やかに分解される. 半減期は1~2時間である. 湖沼 (pH 8~10, アナトキシン-a の初期濃度が 10 μg/l) での半減期はおよそ 14 日と報告されている[6]. 一方, アナトキシン-a(s)はアルカリでは不安定であるが, 中性または酸性では比較的安定であるといわれている. アナトキシン-a はシアノバクテリアの細胞に付着しているバクテリアの酵素で, 比較的速く分

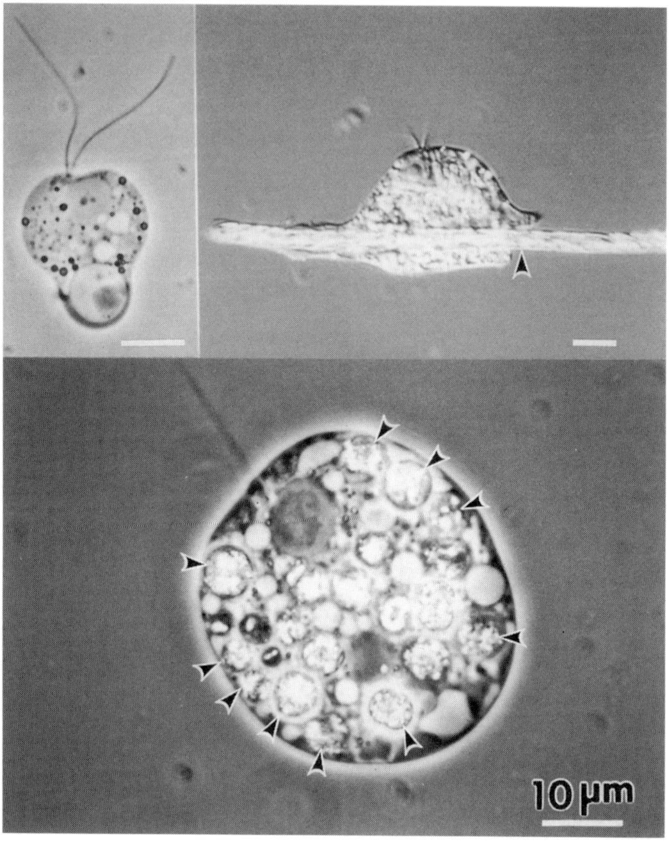

図 8･2　シアノバクテリアを食べる原生動物アウラコモナス *Aulacomonas* sp.（写真提供：張　暁明・渡辺　信）
左上：アウラコモナス（2本の鞭毛がある）．右上：オッシラトリア（繊維状に連なった細胞；矢尻）を飲み込んだアウラコモナス．下：多数のミクロキステス（矢尻）を飲み込んだアウラコモナス．

解すると考えられている．細菌を除かなかったアナベナを培養した場合，細胞外のアナトキシン-a の濃度は低いか検出できない場合がほとんどであるが，同じアナベナを無菌化して培養した場合，細胞外のアナトキシン-a の濃度は高い値を示す．アナベナの細胞表面に付着しているバクテリアとして，シウドモナス（*Pseudomonas*）が分離されている．このバクテリアはアナトキシン-a を分解する能力が高いといわれている．

純粋なシリンドロスパモプシンも冷暗所では安定であるが，温度が 50 ℃以上になると分解する．湖沼では 2 ～ 3 日で 90 %以上が分解すると考えられている[7]．

ゴニオトキシンはサキシトキシンに硫酸基が付いた毒素であるが，この毒素は他のシアノトキシンに比べると不安定で，室温でも徐々に分解する．特に硫酸基が外れやすいようである．しかし，硫酸基が外れて C-トキシンになると毒性はさらに強くなる．C-トキシンはゴニオトキシンの入った水を煮沸しても生成する．オーストラリアの湖沼で，アナベナ・サーシナリスの大量発生があった時，硫酸銅が散布された．散布後，3 週間以上にわたって毒性が最初より強くなってきたことがある．これも C-トキシンの生成によるものと考えられている[8]．

9　シアノトキシンの暴露量と安全性

すべての生物はその生涯を通して，毒性のあるなしにかかわらず多くの化学物質に暴露されている．危険なのは毒性のある物質だとしても，環境中からすべての有毒物質を除くことは不可能である．有毒物質には合成化学物質と天然物質とがある．ここで問題にしているシアノトキシンは天然毒である．シアノトキシンはシアノバクテリアによってつくられるものであるが，人類の活動に直接あるいは間接的に影響を受け，その量はますます膨大になり，今や，人類の健康を脅かすほどになってきている．シアノトキシンの暴露量を減らすには有毒シアノバクテリアが発生しないようにするか，それができなければ，飲み水や風呂の水に毒素が入らないようにするしかないであろう．

有毒物質に対する安全性の確保という問題を有害微生物の問題として考えれば，食品衛生の分野で古くから研究され，今日ではほとんど確立されている分野である．たとえば，カビ毒の場合もこの種の考え方で問題の解決が計られてきた．シアノトキシンについても同様な考え方で対処できるものと考えられる．

シアノトキシンの主な暴露経路は，飲料水による経口と遊泳などによる皮膚経由と考えられる．また，シアノバクテリアのエアロゾル（大気中の浮遊粒子状物質）による経気道暴露もあり得るであろうが，資料がほとんどないのが現状である．しかし，このルートは重要であろうと考えられる．それは，ミクロシスチン-LR を経気道で暴露した場合，肺胞や細気管支の壊死と肝細胞の壊死を伴い，その毒性は経口の場合の10倍以上高いことが実験的に調べられているからである[1]．経気道暴露の問題は将来の重要な課題となることは間違いないと思われる．

緊急の課題として多くの国で問題となっているのは，やはり比較的規模の小さい水源から供給される飲料水中のシアノトキシンの問題である．もちろん地域的な違いを考慮する必要があることはいうまでもない．比較的温和な気候の地域（極東アジア，北アメリカの一部，ヨーロッパの一部）の淡水湖沼では，年間3～5カ月間ほどミクロキステスが優占種となって水面を覆うのが一般的である．さらに温暖な気候の地域（たとえば，オーストラリア，南アフリカ，南アメリカ）では，ミクロキステスが優占種となる期間が6～10カ月間にもなる．さらに，熱帯域では年間を通して優占種となる．一方，比較的低温に強いプランクトスリックス・アガディのようなシアノバクテリアは温和な気候の地域においても年間を通して増殖するし，冬場の氷の下からも容易にプランクトンネットで採集することができる．

9・1　世界保健機構（WHO）の飲料用水質のガイドライン

一日摂取許容量（Tolerable Daily Intake，TDIと略している）という言葉がある．ある有毒物質を生涯にわたって毎日摂取し続けてもその有毒物質の影響が現れない量のことをいう．実際には科学的なデータがすべて揃っているということはあり得ないので，不確かな部分に安全係数を掛けてデータを補うことでTDIを求めている．

WHOは，飲料水を通して健康に影響を与える微生物や化学物質のガイドライン値を世界各国に勧告している[2]（図9・1）．このガイドラインはTDIを基礎において算出されるもので，次の式で求められている．

$$\text{ガイドライン値（GV）} = \frac{\mathrm{TDI} \times \mathrm{bw} \times P}{L}$$

bwは平均体重，Pは一日当たりの全摂取量に対する割合，Lは一日の摂取

強い発がん性、海外で50人死亡例も

アオコ毒素防げ　飲料水に基準値

WHO、年内にも決定　厚生省も独自基準検討

水質汚染の進んだ湖沼などで発生するアオコのプランクトンがつくる有毒物質について、世界保健機関（WHO）が、飲料水中の濃度の基準値を定める見通しであることが二十五日、分かった。

「ミクロシスチン」と呼ばれる強い肝臓毒性を持つ物質。日本でも湖沼や河川の富栄養化が進んだ地域で、水道の原水中にかなりの濃度で含まれることが知られている。厚生省は、国内の汚染の実態や現在の浄水技術でどの程度除去できるのかなどの調査を近く開始、国内での水質基準の設定も検討する方針。今後、水源地でのアオコ対策が急務となりそうだ。

関係者によると、WHOは飲料水中の有害化学物質の濃度基準を定めたガイドラインの改定作業の一環として、世界各国で水質汚染が問題になっているミクロシスチンに基準値を定める方向となった。飲料水一リットル中に一マイクログラム（一マイクログラムは百万分の一グラム）という値が検討されている。早ければ年内にも正式に決定し、各国に通知する。

ミクロシスチンは、日本でも広く分布するアオコプランクトンの一種、ミクロキスティスがつくる物質。茨城県の霞ケ浦や滋賀県の琵琶湖など各地で検出され、未処理の水では一リットル当たり数十マイクログラムから数百マイクログラムに達するケースもあった。肝臓毒性が強く、発がん性も指摘されている。

厚生省水道整備課によると、ミクロシスチンは浄水場での処理や塩素消毒の過程で分解されるため、浄水処理を徹底すれば飲料水中で高濃度になる可能性は低い。だが、処理後の水にミクロキスティスの細胞が含まれることもあり、汚染実態や浄水場での除去効率など不明な点も多い。同省は、アオコ汚染の深刻な地域では浄水処理の徹底を指導することにしている。

海外では、ここ数年間に報告されているだけでも、英国やオーストラリアではミクロシスチンが原因で家畜の大量死が発生。ブラジルでは人工透析の際にミクロシスチンを含んだ水が混入、五十人以上が死亡したこともあるという。

多い高濃度地域

彼谷邦光国立環境研究所化学毒性研究室長の話　河川や湖沼のミクロシスチン濃度が非常に高い地域は日本にも多く存在し、早急な対策が必要になる。浄水場で除去できなかったアオコの細胞が飲料水を経由して人体内に入り、そこでミクロシスチンが放出されることも心配されており、環境中の濃度を低くすることが重要だ。中国では飲料水中のミクロシスチン濃度が高い地域ほど肝臓がんの発生率が高いことが報告されており、毒性評価をきちんと行うことも必要だろう。

ミクロシスチン　水質汚染が進んで栄養分が過多になった湖沼や河川で、異常発生して水を緑色に濁らせるアオコのプランクトンの一種、ミクロキスティスが体内でつくる物質。強い肝臓毒性があり、国立がんセンターは動物実験での発がん性も報告している。一九九五年には、兵庫県内のカルガモの大量死との関連が指摘されたこともある。

図9・1　ミクロシスチン-LRのWHOのガイドライン勧告を伝える東京新聞の記事（1997年5月26日）

水量（l）である．

1996年に勧告された飲料水中のミクロシスチン-LRの暫定的なガイドライン値は1.0 μg/l である．これは次のような値を用いて算出された．bwは大人の平均体重で60 kg，TDIは0.04 μg/kg，P は0.8（経口暴露の割合を0.8，その他経気道暴露および未知の暴露経路を含めて0.2としてある），大人の一日の飲水量を2 l とすると，GVは0.96 μg/l となり，最後の桁（けた）を切り上げて1.0 μg/l とする．しかし，ここで用いているTDIにはミクロシスチンの助ガン作用は考慮されていないし，70種類近いミクロシスチンの同族体についての検討も行われていない．これは科学的なデータが不十分なためである．データが揃えばより正確なTDIが求められるであろう．

ミクロシスチンのTDIと飲料水中の濃度を求めた例を紹介しよう．オーストラリアのアデレード大学の副学長であるファルコナー博士のプロジェクトで，ミクロシスチンの飲料水中の許容濃度を実験的に調べたレポートがある[3)]．

実験方法：

1)実験動物：体重 60～65 kg の雄ブタを 20 匹，1 群 5 匹として 4 群に分けた．

2)ミクロシスチンの投与方法：飲み水にシアノバクテリアの細胞破砕液を添加．

3)ミクロシスチン濃度：1312，796，280 および 0 μg/kg/day

4)投与期間：8 週間

実験結果：

最低濃度の 280 μg/kg/day でも肝臓に壊死が見られた．

TDI の算出法：

1)投与期間が平均寿命のわずか 1 %なので，安全係数を 10 と見積もる．

2)ブタのデータをヒトに外挿するので，安全係数を 10 と見積もる．

3)年齢や健康状態の違いによる感受性の違いを想定して，安全係数を 10 と見積もる．

4)助ガン作用はまだ十分なデータはないが，これを考慮して安全係数を 10 と見積もる．

安全係数とは，動物実験で得られた薬物の影響濃度（最大無影響濃度または最小影響濃度）を人に外挿する場合に考慮しなければならない不確定要因(種差，性差，年齢，生理的違いなど）を見積もる係数のことを指す．この実験での安全係数は 10×10×10×10＝10000 となる．

TDI＝280/10000＝0.028 μg/kg/day と計算される．0.028 μg/kg/day はおよそ 0.03 μg/kg/day である．WHO の TDI は 0.04 μg/kg/day であるが，この値には助ガン作用の安全係数は加味されていない．おそらく，それ以外の安全係数に大きな値が使われているのであろう．

この実験では飲料水からのミクロシスチンの摂取が全ミクロシスチン摂取量であると考えている（P＝1.0)．安全量となる GV は GV＝0.03×60 kg×1.0/2 l＝0.9 で約 1.0 μg/l となる．しかし，実験では最低濃度の 280 μg/kg/day で影響が出ているのであるから，実際はもっと低い濃度でも影響が出る可能性がある．また，安全係数をどのように見積もるかでTDIの桁が異なってくることになる．

9•2 水遊びとシアノバクテリア

水遊びや水上スポーツでは，皮膚や粘膜へのシアノバクテリアの接触，誤飲，吸入などが起こる可能性がある．シアノバクテリアの誤飲によって腹痛，嘔吐，下痢，頭痛，皮膚の炎症などの症状が現れるが，ミクロシスチン量にはあまり関係なく，シアノバクテリアの細胞数やコロニー数と相関があるようである[4)]．このことは，シアノバクテリアにミクロシスチン以外の未知毒素が存在するか，コロニーや細胞表面に付着しているバクテリアの毒素によるものではないかと考えられている．また，慢性あるいは亜急性的な影響についてはほとんどわかっていない．

シアノバクテリアと直接接触することによってアレルギー反応が現れることがある．水着やダイビングスーツの内側にシアノバクテリアが入り込み，なかで細胞がつぶれて細胞内の成分が外に出ているのがよく見受けられる．このような時にしばしば皮膚にアレルギー反応が起き，皮膚がやけど状になるようである．このような事例は淡水や汽水の湖沼でも海岸近くの海でも起きているが，熱帯の海では岩礁の多い所や嵐の後の海でよく起きているようである．

浮遊性のシアノバクテリアは風下に吹き寄せられ，風向きが変わると1～2時間の間に移動する．まさに神出鬼没なのである．風下では水面に分厚く堆積（スカム状）し，そこで腐敗したりする．通常風下では，風のない時に水面で観察されるシアノバクテリアの濃度の千倍～百万倍に濃縮されるといわれている．

9・3　淡水の利用とシアノトキシン

古くから，シアノトキシンを含む水を与えられたり，有毒シアノバクテリアが発生している放牧場の飲み水用の池の水を飲んだりした家畜の被害が新聞などで報じられてきた．家畜は表層の水しか飲めないので，特にシアノバクテリアの被害が多いようである．また，放牧場の池には家畜の屎尿が流れ込み，池の窒素やリンの濃度が次第に高くなることも，シアノバクテリアが発生しやすくなる原因の一つであろう．

シアノトキシンがヒトの体内に入るルートして食物経由がある．1章でハッフ（Haff）病について述べたが，魚以外の食物として野菜がある．多くの農場では湖沼から水を汲み上げて野菜畑に散布している．ミクロシスチンなどのシアノトキシンは植物の成長を阻害するが[5]，野菜の葉に着いたミクロシスチンが体内に入る可能性もある．また，野菜に吸収されたミクロシスチンはそのまま野菜といっしょに体内に入る可能性もある．特に，温室で行われる水耕栽培に使われる水にミクロシスチンが混入しているような場合には，根毛からミクロシスチンが吸収されることが知られている．

9・4　シアノバクテリアと病原菌

シアノバクテリアのコロニーの中に病原性のビブリオ菌（*Vibrio cholerae*）がいることがよくある．この共生関係はよくわかっていないが，ビブリオ菌がヒアルロニダーゼ（粘液質を分解する酵素）を分泌していることはわかっている．コロニーの粘液質を通して行われている酸素—二酸化炭素交換と共生との間に関係があるのかもしれない．ビブリオ菌はシアノバクテリアの細胞壁に付着していることもしばしば観察されている[6]．このビブリオ菌がヒトに感染するか否かはわかっていないが，1990年頃，琵琶湖で稚アユが大量死した時の直接の死因の一つとしてビブリオ菌による感染があると報告されていた．このことは逆に，シアノバクテリアが大量発生していた証拠と言えるかもしれない．現在のところ，共生の機構はわからないが，シアノバクテリアとビブリオ菌とが親密な関係にあるのは確かなようである．

9・5　シアノバクテリアによる臭いと味

古くからシアノバクテリアは浄水処理場のやっかいものであった．濾過器をつまらせたり，水にカビ臭さをつけたりしたからである．カビ臭さの原因はジェオスミンや2-メチルイソボルネオールと呼ばれる物質（図9・2）で，10 ng/*l* の濃度でヒトははっきりとその異臭を感じることができる．ジェオスミンを分泌するシアノバクテリアにはアナベナ，アファニゾメノン，リングビア，ミクロキステス，プランクトスリックス，フォルミジウム，シゾトリックスなどが知られている[7]．ジェオスミンの分泌と毒素の産生とは関係がないようである．これは，シアノトキシンの生合成の経路とジェオスミンや2-メチルイソボルネオールの生合成経路はまったく接するところがないからである．ジェオスミンの検出を有毒シアノバクテリアの発生を早期に知る警報として利用する動きがあるが，ある種のカビ（アクチノマイセス，*Actinomyces*）もジェオスミンを分泌するので，あまり正確ではない．また，ジェオスミン臭がしないからといってシアノトキシンがないということにもならない．

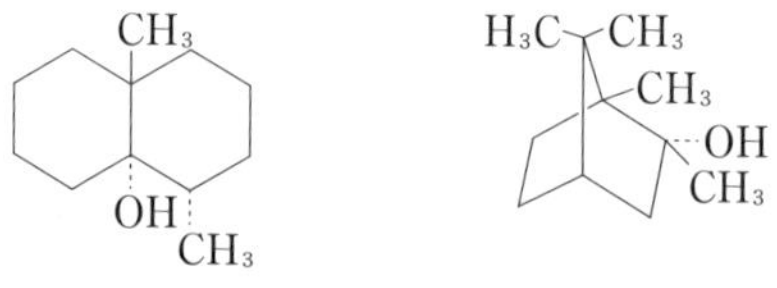

ジェオスミン　　2-メチルイソボルネオール

図9・2　ジェオスミンと2-メチルイソボルネオールの構造

10　シアノバクテリアの監視

10・1　カナダのマニトバでの出来事

デーコン貯水池は近くのショール湖から導水しており，ウイニッペグ市へ給水している最も大きな給水施設である．ショール湖は水質がよく，唯一塩素殺菌の必要のない水源であった．1993年8月下旬，大量のシアノバクテリアがデーコン貯水池に発生し，水道水の味や臭いが悪いと問題になった．水道局はシアノバクテリア駆除のために硫酸銅を散布したが，後にこの硫酸銅の散布が問題になったのである．というのは，もし，貯水池に発生したシアノバクテリアが毒素を持っていたら，硫酸銅でシアノバクテリアの細胞が壊れ，毒素が貯水池一面に広がったはずであった．幸いにもこの時発生したシアノバクテリアには毒素は検出されなかったと市当局は発表していた．しかし，本当に毒素がなかったのかという疑問はかなり後まで残っていた．それは，水源であるショール湖で発生していたシアノバクテリアはミクロキステス・エルギノーサで，主要毒素はミクロシスチン-LR，最大濃度は0.45 μg/l だったという報告があるからである．湖の毒素量はしばらくして減少し始めた．おそらく8月の初旬にはもっと高いレベルの毒素があって，その後減少し続けていたものと推定されていた．

このことがあった後，1994年から1996年にかけてウイニッペグ市はミクロシスチン-LRの検査を続けていた．その結果，ほとんどの水源から0.1～0.5 μg/l のミクロシスチン-LRが検出され，時には0.5 μg/l を越える値が検出された．0.5 μg/l という値は，カナダ政府が「健康被害発生ガイドライン」としている値なのである．

10・2　オーストラリアのバーウオン/ダーリング河水系での出来事

1991 年の夏は非常に暑く，気温が 40～45 °Cに達する日が何日も続いていた．バーウオン/ダーリング河水系には飲料水用のダムが設置されているが，この水系に夏の初めから大量のシアノバクテリア（アナベナ・サーシナリス）が発生し，アオコ状になっていた．その規模は 1000 km 以上にわたっていたと日本の新聞にも報道されていた．

バーウオン/ダーリング河を水源とするニューサウスウエールズ州のバーク（Bourke）の町の貯水池では 1 ml 当たり 245000 個ものシアノバクテリアの細胞が検出されていたが，町の水道局は河水を塩素殺菌するだけで供給していた．アオコの堆積物（スカム）はいたる所に蓄積し，河の堤防のそばにある家畜の水飲み場にも蓄積していた．地元の新聞が数頭の牛が水飲み場で死亡している写真を掲載したのがきっかけとなって，ニューサウスウエールズ州政府が対策にのりだした．各地の飲料水用の貯水池から水が集められ，毒素の検査にまわされた．検査は，試験水中のシアノバクテリアの抽出液をマウスの腹腔内に注射して毒性が調べられた．検査の結果，神経毒と思われる毒性が現れてきたのである．化学分析の結果から，この毒素はサキシトキシン型の毒素であることが明らかにされた．ニューサウスウエールズ州政府は緊急事態を発令し，最も有効で速い処置として，陸軍の援助で移動型の水処理装置を設置した．この装置によって飲料水から毒素が検出されなくなったということである．さらに，政府は行政組織を通して住民にシアノバクテリアの情報を流し，また，ラジオ，テレビ，新聞などのマスコミを通して注意を呼びかけた．公衆衛生当局は水泳やウオータースポーツの中止を呼びかけ続けた．これらの広報活動によって人の被害は止められたが，家畜の被害は阻止できず，2000 頭におよぶ牛と羊が死亡したと報告された．

州政府の緊急事態の発令は，激しい雨が降ったためにダムの水が放水されたことで終局を迎えた．この夏はこれ以降シアノバクテリアの大量発生は起こらなかった．この経験を基に，ニューサウスウエールズ州政府は「シアノバクテリア対応綱領」を定めている[1,2]．

10•3　シアノバクテリアの危険濃度

WHO はシアノバクテリアの危険濃度を 3 段階に分けている．基本的にはシアノバクテリアはすべて有毒であるという観点にたっているのが特徴である．

第 1 段階—警戒レベル

水 1 m*l* 中にシアノバクテリアのコロニー（図 2•3 等の写真に示すように，ミクロキステスは数百から数千個の細胞が一つのコロニーを形成する．細胞数は直接数えたり，コロニーの数に平均的なコロニー中の細胞数を掛けて求める）を 1 個，または繊維状のシアノバクテリア（プランクトスリックスやアナベナなどの繊維状になるシアノバクテリアは数十から数千の細胞がつらなって一本の繊維を形成するが，コロニーはつくらない．細胞数は直接数えたり，繊維の長さを 1 細胞の長さで割って求める）5 個を検出するような状況を「警戒レベル」としている．この値はモニタリングの経験から導き出されたものである．このレベルを越えると水の味が変わったり異臭がしてくる．シアノバクテリアが検出されなかったからといってシアノバクテリアがいないということにはならない．カビ臭の原因物質であるジェオスミンを出すアナベナは 1000 細胞/m*l* 以下でもほとんどの人はその臭いを感じることができるし[3]，反対にミクロキステスでは大量発生していてもわずかしか臭いを感じない場合がある．検査の頻度は最低でも 1 週間に一度以上にする必要がある．少し検査の間隔をあけるとシアノバクテリアは急速に増殖してしまうからである．

レベル０：アオコの発生は認められない．

レベル１：アオコの発生が肉眼で確認できない．（ネットで引いたり，白いバットに汲んでよく見ると確認できる）

レベル２：うっすらとすじ状にアオコの発生が認められる．（アオコがわずかに水面に散らばり肉眼で確認できる）

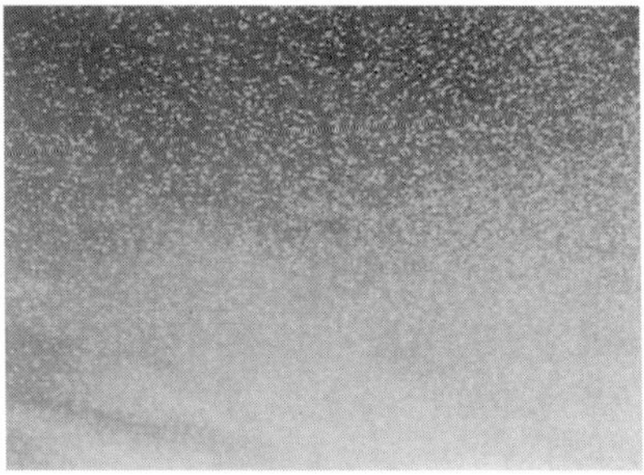

レベル３：アオコが水の表面全体に広がり，所々パッチ状になっている．

図 10・1 国立環境研究所が提案している「見た目アオコ指標」

第２段階―危険レベル１

このレベルはシアノバクテリアの細胞数が１ ml 当たり 2000 以上か，クロロフィル a 量が１ μg/l 以上あるいは細胞容積が１ l 当たり 0.2 mm^{3}以上の状態を指している．この値の根拠は最もミクロシスチン含量の多いシアノバクテリアの場合を想定して決められたものだそうである．この段階ではミクロシスチン量を測定する必要がある．検査回数も週１回は必要となる．水道関係者や行政担当者もこの段階から注意を払う必要がある．ヨーロッパやオーストラリアではこの段階から専門委員会が召集される．委員会のメンバ

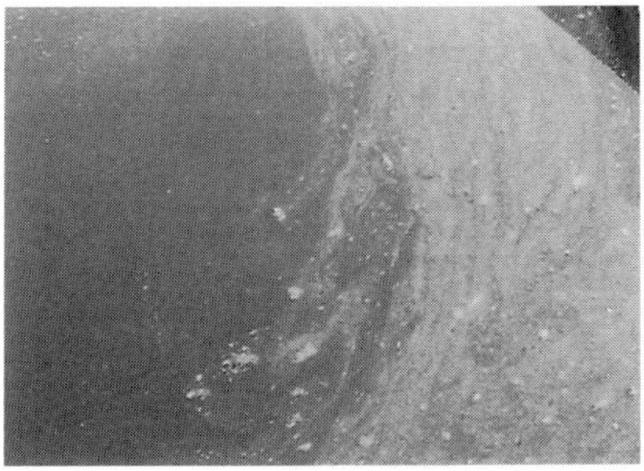

レベル 4：膜状にアオコが湖面を覆う.

レベル 5：厚くマット状にアオコが湖面を覆う.

レベル 6：アオコがスカム状（厚く堆積し，表面が白っぽくなったり，紫，青の縞模様になることもある）に湖面を覆い，腐敗臭がする.

図 10・1　（続き）

ーはシアノバクテリアの毒素の研究者，市の公衆衛生担当者，水道担当者，医者，教育委員会の課外活動担当者が常時出席している．この委員会で毒素の分析データやシアノバクテリアの増殖予測と対策についての協議が行われることになっている．

第 3 段階―危険レベル 2

細胞数が 1 ml 当たり 10 万以上，クロロフィル a 量 50 μg/l，または細胞容積が 10 mm^3/l 以上の段階を指している．この段階になると，所々でスカムが見られるようになり，人への危険性も飛躍的に大きくなる[4]．飲料水の処理に活性炭などもう一段の処理を加えることも必要になる．そしてシアノバクテリアの増殖を抑える対策が必要になってくるが，硫酸銅などの使用は避けなければならない．細胞内の毒素が外に出てくるからである．ミクロシスチンなどの毒素量が多く，有効な対策が見つからない場合は事態を住民に説明し，飲料水の配水を止めて給水車などで安全な水を供給すべきである．水の使用はトイレ，洗濯などに限ることも住民に説明すべきである．ミクロシスチンの多い水は風呂に利用することも危険であるとされている．危険レベル 2 の段階は前述したオーストラリアのニューサウスウエールズ州の出来事に相当する．

国立環境研究所でも「見た目アオコ指標」（図 10･1）を提案している[5)]．ここで示したレベルが具体的なシアノバクテリア細胞濃度を示しているわけではないが，ある程度の細胞数の定量性もあり，一般の人々にアオコの監視に参加してもらうには良い提案である．この情報を地域の行政機関に集約することにより，有毒アオコの監視や対策立案に利用できると思われる．

11　シアノバクテリアの増殖防止対策

11・1　栄養源の制御

シアノバクテリアの主な栄養源はリン酸，硝酸などの窒素化合物，二酸化炭素である．アミノ酸などの有機物を取り込む従属栄養も行うといわれているが，詳細はまだはっきりしていない．シアノバクテリアの増殖を止めるには，これらの栄養源を水から取り除けばよいことになる．湖沼に流入する窒素源は，土壌中の硝酸や亜硝酸の流出，家畜の排泄物，肥料，脱窒素処理していない未処理の汚泥や生物処理だけの汚泥などが主なものである（図11・1）．シアノバクテリアは水に溶けた型の窒素（硝酸，亜硝酸，アンモニアなど）を取り込むことができる．水溶性窒素がシアノバクテリアの増殖制限要因になるか否かは今も論争になっている．それは，ある種のシアノバクテリアは，水溶性窒素が少ない時にその代償として空気中の窒素を固定することができるからである．水溶性窒素の少ない水質では，空気中の窒素を固定する能力のあるアナベナやアファニゾメノンが優占種となる[1]．しかし，窒素が十分にある場合でも同様に優占種となり得る．重要な点は，窒素固定には多量の光エネルギーが必要なことである．シアノバクテリアがある程度増えてくると光を十分に吸収できなくなり，窒素固定の能力が急速に低下してくる．従って，シアノバクテリアの増殖はやはり水に溶けている窒素量に規定されることになる．

水溶性窒素がシアノバクテリアの増殖を助けているとすれば，水源に窒素

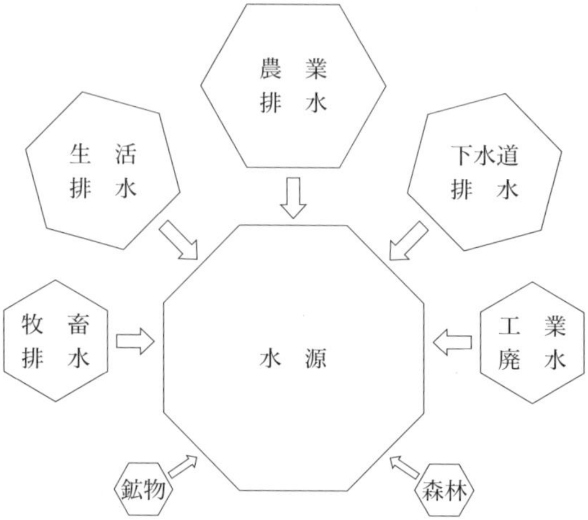

図 11･1　富栄養化の原因となる窒素およびリンの排出源

が流入しないようにする必要がある．水溶性窒素の流入源には点源（point source）と面源（non-point source）がある．点源には下水処理排水口や家畜の屎尿が流入する場所などがある．これらは比較的対策がたてやすく，窒素量のコントロールが可能である．一方，面源は田畑に撒かれた肥料や森林の腐葉土から流出してくる窒素化合物などで，特定の流入口などはない．それだけにコントロールが難しいのである．タイのマー・クワンダムの周辺流域はほとんどが森林だが，面源由来の栄養源が流入するために，年間を通してシアノバクテリアが発生している．また，中国の内モンゴル自治区のダライ湖では，放牧した家畜が湖の湖岸に水を飲みに集まり，そこで屎尿をするために，富栄養化し，シアノバクテリアの毒素（未知毒素）で家畜が大量に死亡している．このようなケースもある．

リン酸の流入ルートは窒素の流入ルートと同じ場合がよくある．例外として，水源付近にあるリン鉱石からリン酸塩が流入しているケースもある．点源からリン酸を流入させないためにはリン酸を除く処理が必要であろう．リン酸は自然界からの流入ルートが限られているので，窒素に比べて制御しやすいといえる．汚泥からリン酸を除く方法は実用化され，最近では窒素化合物の除去よりもかなり安価にできるようになってきている．

一方，水源に入ってしまったリン酸を取り除かなければシアノバクテリアの増殖の防止はできない．水に溶けたリン酸を取り除く方法として，リン酸を不溶性の塩にして沈殿させる方法がヨーロッパを中心に行われている．オランダでは塩化第二鉄を湖に散布してリン酸を不溶性にしている．実際にライデン近郊の湖へ行ってみると，浅い湖底は赤茶けた第二鉄の色をしていた．ドイツのノイグロブソウ近郊の湖（図 11・2）では湖岸に大きなタワーを設置し，そこから湖の最深部にパイプラインを敷設して水酸化カルシウムを添加していた[2)]．水に溶けたリン酸はリン酸カルシウムとなって湖底に結晶状態で沈殿していた．湖はライデンの湖と異なり，34 m ある最深部の底

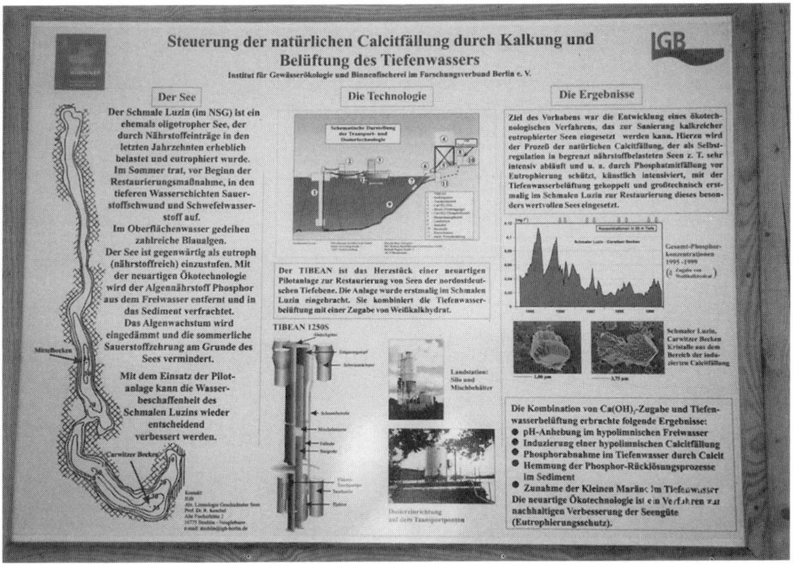

図 11・2　ドイツの湖に設置されている水酸化カルシウムを用いた湖水中のリン酸除去プラントの説明パネル

ドイツにおけるシアノバクテリア対策として，湖沼の底に水酸化カルシウムを注入してリン酸を不溶性のリン酸カルシウムにして湖底に封じ込めている．リン酸の除去により，水深 34 m の湖底まで見えた．動植物プランクトンや魚はきわめて少なくなっているそうである．

まで青く澄み切っていた．この湖は数年前までは毎年シアノバクテリアが大発生することで有名になっていた湖だそうである．リン酸除去の効果の見本として見学者が多いと係官が話してくれた．ついでに，水酸化カルシウムによる中和で水温や pH などはどの程度変化するのかと尋ねてみたが，大きな影響はないといっていた．

水深が 100 m を越えるような深い湖の場合，4 ℃近くの冷たい深層水を表層に汲み上げて散布することで水温を下げ，シアノバクテリアの発生を抑えることができる．しかし，シアノバクテリアの発生しやすい水域は浅い場合がほとんどである．

リン酸や硝酸などの栄養塩の削減が十分に行われない湖沼ではどうしてもシアノバクテリアの発生しやすい環境になるが，まだ方法がある．シアノバクテリアの増殖にはリン酸や窒素源が必要であるが，これだけでは増殖できないからである．マグネシウム，カルシウム，ナトリウム，カリウム，鉄，亜鉛，マンガン，コバルト，モリブデンなどの微量金属が必要である．これらの金属の供給を止めれば増殖を止めることができる．しかし，これらの金属は微量しか必要としないために，それらの濃度を制御することはたいへん難しいのである．最近になって，ある種のフミン酸（植物の組織がバクテリアなどにより分解されるが，分解しにくい物質が残る．この中にフミン酸という構造が一定しない高分子化合物がある）が，鉄イオンを取り囲み（キレート）シアノバクテリアが吸収できないようにすることで増殖が抑えられることを示す論文が発表された[3]．試しに，鉄のキレート剤をシアノバクテリアを培養している瓶に入れてみると，2～3日してシアノバクテリアがいなくなるのが観察された．鉄キレートはかなり有効な方法かもしれない．

11・2　薬剤の使用

栄養塩や微量金属など水に溶けている物質をコントロールできない場合には，薬剤を使用してシアノバクテリアの細胞を壊すことによって増殖を止めることになる．これまで何度も出てきた硫酸銅がその代表的な薬剤であろう．銅イオンは魚類や動物プランクトンに対して 0.01 ppm 以上で毒性を示すといわれている．もちろん，シアノバクテリアや藻類に対しても毒性を示す．従って，シアノバクテリアの発生している湖沼に硫酸銅を散布すれば，シアノバクテリアだけでなく魚類や動物プランクトンもいなくなることになる．このきわめて荒っぽい薬剤はオーストラリアなどで今も使用されている[4)]．硫酸銅の散布されたオーストラリアの湖沼の水は青く澄んでいるが，生物のほとんどいない湖沼になっているそうである．

11・3　天然素材の利用

植物から抽出したポリフェノールがシアノバクテリアの増殖を抑えたという新聞記事が数年前に出ていた．また，水草の抽出物がシアノバクテリアの増殖を抑えるという論文もある．有効成分はポリフェノール類であると述べている．

ヨーロッパでは，大麦の麦わら（barley straw）を直径 1 m くらいの円柱状に束ねてシアノバクテリアの発生する湖沼に浮かべているのを見かけることがある．この大麦の麦わらがシアノバクテリアの発生を抑えると古くからいわれているというのである．その理由は定かではないが，可能性として，麦わらがバクテリアによって分解され，その分解物がシアノバクテリアの増殖を止める．あるいは麦わらにカビが生え，カビの生産する抗生物質によってシアノバクテリアの増殖が抑えられるなどの理由が考えられる[5)]．しかし，麦わらの有効性に疑問を示す論文もみられる．これはおそらく，麦わらに付着する微生物の違いや，シアノバクテリアの種類の違いなどによるのであろう．

11･4　微生物生態系機能を利用したリジンの使用

硫酸銅のような選択性の低い薬剤の使用を止め，シアノバクテリアだけに作用する薬剤の開発が望まれていた．このような状況の中でリジンというアミノ酸が注目されている[6]．リジンはシアノバクテリアの無菌化の際に発見されたアミノ酸である．通常シアノバクテリアの細胞表面にはビブリオ菌などのバクテリアが付着している．これを弱い超音波などで剝(は)がして無菌化しているが，シアノバクテリアが無菌化されたか否かを調べるために，酵母抽出液の入ったバクテリア増殖用寒天培地にシアノバクテリアを播(ま)き，光の下で培養する．緑藻類のクロレラや一部のシアノバクテリアによる緑色のコロニーができてくる．もちろん，無菌になっていなければ，バクテリアのコロニーが出てくることになる．ところが，シアノバクテリアの中のミクロキステスとプランクトスリックスは，酵母抽出液の入った培地では死滅してしまうのである．このことから，酵母抽出液の中にミクロキステスとプランクトスリックスを死滅させる物質があると考え，物質の分離同定が行われた．同定された物質はアミノ酸のリジンだったのである．リジンを1 ppm（1 mg/*l*）になるようにミクロキステスの培養液に加えると，1～2日でミクロキステスは死滅する（図11･3)．一方，リジンはヒトにとっては必須アミノ酸であり，バクテリアにとっても増殖因子の一つである．また，ミクロキステスとプランクトスリックス以外のシアノバクテリア，緑藻，魚類，原生動物などの水生生物に対してもまったく影響が見られなかった．このようなデータを基に，リジンをシアノバクテリアの中で最も発生量と被害の多いミクロキステスとプランクトスリックスの駆除に利用できないだろうかという期待が高まってきている．

実際に池に20 ppmのリジンを散布すると，ミクロキステス・エルギノーサは24時間以内に沈殿，死滅した．散布したリジンは3日目に消失し，リジンが分解して生成すると予想していたアンモニアの濃度の上昇もほとんど起こらなかった．ミクロキステスに代わって，たくさんの珪(けい)藻類が出現して

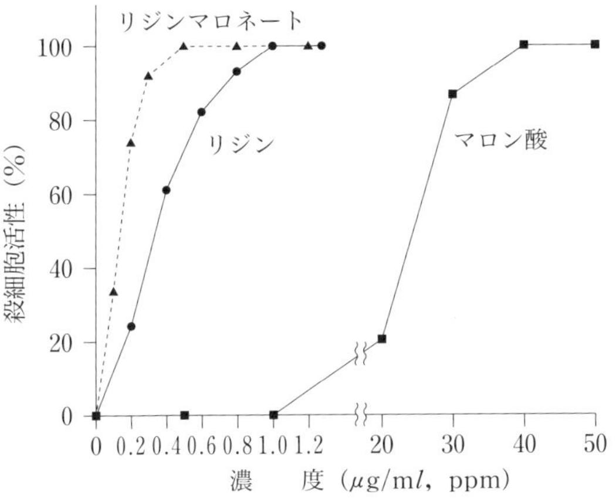

図 11•3　リジンの作用

酵母抽出物から分離されたシアノバクテリア増殖阻害物質（リジンおよびマロン酸）の増殖阻害活性（11 章の文献 6 より改変）．縦軸の殺細胞活性（%）=（C−T）/C×100，C：対照群の細胞数，T：処理群の細胞数．横軸は増殖阻害物質の濃度．初期細胞濃度はミクロキステス・ビリデス N-102，10^5/ml．細胞数の計測は阻害物質添加 48 時間後．リジンマロネートはリジンとマロン酸の中性塩．

きた．死滅したミクロキステスが水中バクテリアによって分解され，溶存酸素が急激に低下したが，3 日目にはもとの値に戻っていた．そして，リジン散布後，何日目に再びシアノバクテリアが増殖を始めるかを観察したところ，10 日目になってアナベナ属のコロニーが水面に姿を現した[7]．

11•5　生物を用いた制御

ヨーロッパではあまり見受けられないが，アジアでは盛んに試みられている方法として，植物や動物を利用する方法がある．ヨーロッパの水源のほとんどは飲料用または農業用である．従って，ヨーロッパでは水源のリンの濃度を徹底的に下げるための水質改善が行われている．一方，アジアの水源は飲料，農業用の他に養魚という重要な目的がある．養魚は，魚をあまり食べないヨーロッパの人達との食習慣の違いによるのであろう．ヨーロッパのようにリンを徹底的に除くと動植物プランクトンの増殖が悪くなり，魚の餌不足になるので，リンの徹底的な削減は避けなければならないが，シアノバクテリアが発生しない程度には削減する必要がある．求められるのは有毒アオコ以外の動植物プランクトンの多い水質である．飲料用と養魚用の水質はほとんど逆になるが，アジアの人達は飲料用にも養魚用にも使える水質を模索している．

植物を利用する方法として，富栄養化湖沼の沿岸にパピルスやヨシ（アシ）などを植えてリンを除去する試みもある．また，ホテイアオイを湖沼に植えてリンを除去することも行われていた．しかし，生育したこれらの植物の利用法がなければ湖沼の外に出せなくなる．中国雲南省の昆明市の郊外にある滇池（デアンチ）という湖（図 5･2 参照）は，年中シアノバクテリアがアオコ状態になっていることで有名な湖である．ここでは湖のリンを除去するためにホテイアオイが投入されたことがある．ホテイアオイは湖面を覆い，湖面で枯れていた．ホテイアオイに濃縮されていたリンが再び湖に戻っていることであろう．最近，ホテイアオイのすべてを除去してしまったが，湖岸に堆積されたホテイアオイが堆肥化し，再びリンが湖岸から湖に戻りつつあるように見えた．一方，食用になる水草などの利用価値の高い植物を用いて湖沼のリンを除くことも試みられている．

動物を利用する方法として，最近の中国では，シアノバクテリアを魚の餌にすることで，シアノバクテリアを除去しようとしている．シアノバクテリアに強い魚種を選び，シアノバクテリアの発生している湖沼に放流する実験をしている．また，カエルを食べる中国では，シアノバクテリアをオタマジャクシの餌にして飼育することを考えている．

シアノバクテリアの増殖を抑える最良の方法はリン酸の除去であるが，大がかりな設備と費用が必要である．また，駆除剤は一時的な効果しかないものである．安全な水を得るためのコストも考慮する必要がある．また，養魚など他の目的を犠牲にしないで，シアノバクテリアを駆除することも必要であろう．要するに，地域性や状況に応じた対策が要求されているのである．

12　シアノトキシンの除去法

シアノバクテリアの増殖を阻止できなかった場合，水を処理して毒素が飲料水に入らないようにしなければならない．シアノトキシンは通常細胞内にあるので，細胞を硫酸アルミニウム等の凝集剤で凝集沈殿させることによってかなりの毒素を除くことができる．しかし，細胞の外に出てしまった毒素は凝集沈殿では除けない．細胞外に出てしまった毒素を除く方法として実用化されている技術がある．

12･1　活性炭濾過

活性炭はミクロシスチンをよく吸着する．活性炭の種類にもよるが，よく吸着するものは活性炭 1 g に 0.7 g のミクロシスチンが吸着するという報告がある[1)]．活性炭表面に微生物が増殖し始めると吸着能は急速に落ちる．通常シアノバクテリアの出すカビ臭を除くために活性炭フィルターを設置している事業所が多いようであるが，アメリカではミクロシスチンを除くために設置されている巨大な活性炭濾過装置もある．家庭用の浄水器も活性炭フィルターの入っているものがたくさんある．これでもミクロシスチンを除くことができる．また，活性炭と同じように炭も使うことができる．しかし，炭の表面は微生物が増殖しやすいといわれている．

12・2　塩素処理

塩素処理によってミクロシスチンが無毒化されるというデータと，毒性は変わらないというデータがある．有効塩素濃度はいずれも 1 mg/l 前後，処理時間は 30〜60 分である．この違いは塩素処理する水の pH によることが明らかにされている[2]．pH 5 の場合，30 分の処理で 93 %のミクロシスチンが無毒化されるが，pH 7 の場合は 22 時間の処理でもやっと 88 %の無毒化率である．アルカリ性にすると無毒化率は極端に低下する．水の pH が中性から酸性の領域ではさらし粉〔塩素酸カルシウム（$Ca(ClO)_2$）が主成分，その他塩化カルシウム（$CaCl_2$），水酸化カルシウム（$Ca(OH)_2$）を含む〕によってミクロシスチンが無毒化される．この無毒化は，ミクロシスチンの二重結合に塩素が付加することによると考えられている．アルカリ性にすると無毒化率が低下するのは，アルカリ領域ではさらし粉から塩素（Cl_2）が生成しないで，酸化力の強い塩素酸（ClO）が生成するためで，塩素酸ではミクロシスチンの毒性に関与する二重結合をこわせないためと考えられている．さらし粉自体は水酸化カルシウムを含んでいるためにアルカリ性である．また，シアノバクテリアの発生する水質は pH 8〜10 のアルカリ性である．したがって，単にさらし粉を加えただけではミクロシスチンを無毒化することはできないことになる．ミクロシスチンを塩素処理で無毒化する場合は，pH が中性から酸性になっていることを確認したうえで処理することが必要である．

12・3　オゾン処理

現在いくつかの浄水処理場ではオゾンで殺菌を行っている．それは塩素処理によって発ガン物質であるトリハロメタンなどが生成するのを避けるためである．オゾンの酸化力は強力で，ほとんどの微生物や有機物を徹底的に酸化してしまうことができる．したがって，ミクロシスチンもオゾンによって無毒化することができる[3)]．欠点は，コストが塩素処理より高いこと，および発ガン物質であるホルムアルデヒドが生成するので，これを除かなければならないことである．

12･4　逆浸透透析

水分子だけが通過できる半透膜を用いてきれいな水をつくる方法がある．主に半導体工場や化学の実験室で使う水をつくるのに用いられている．微生物やミクロシスチンなどの有機物は混入してこない．現在東京の金町浄水場ではこの方法で浄水処理が行われている．逆浸透膜を用いて 5〜30 μg/l のミクロシスチンを含む水を処理すると，1 μg/l 以下になることが確かめられている[4)]．

12･5　紫外線照射

現在実験的に行われている方法である．240 nm 付近の短波長の紫外線を照射すると，ミクロシスチンの分子内の共役二重結合部分で付加反応が起こり無毒化する[5)]（図 12･1）．また，微生物の DNA も紫外線で壊れるので，将来の殺菌法としても注目されている．

12･6　その他

水に溶けたミクロシスチンは砂濾過で除くことはできないが，砂濾過器に微生物が定着するようになると，微生物によってミクロシスチンが分解するというデータがある．しかし，濾過速度を速くするとミクロシスチンが分解されないで出てくることになる．

また過酸化水素や過マンガン酸カリウム[6)]等の酸化剤の使用や，顆粒状の活性炭の表面に微生物を定着させてシアノトキシンを分解する方法等がある[7)]．

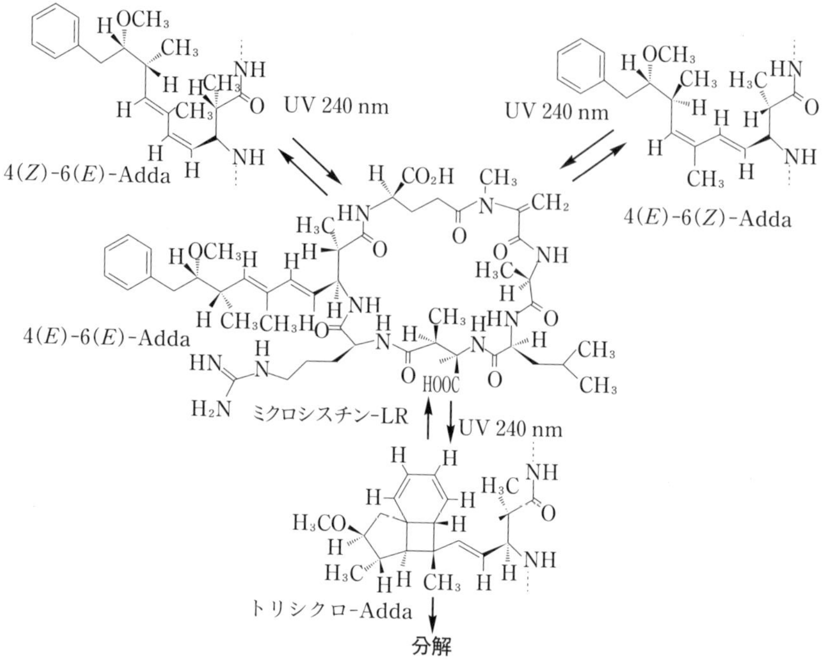

図 12・1　短波長紫外線によるミクロシスチンの異性化と分解

紫外線（UV）240 nm で Adda の部分がミクロシスチンの 4（*E*），6（*E*）から 4（*Z*），6（*E*）および 4（*E*），6（*Z*）またはトリシクロ-Adda に異性化し分解していく．

13　シアノトキシンの定量法

13•1　ミクロシスチン

シアノトキシンの一種ミクロシスチンの飲料水中のガイドラインとして，WHOは1 μg/lの値を各国政府に勧告している．このことはミクロシスチンを正確に測る必要があることを示している．

13•1•1　HPLC

4章でも述べたように，ミクロシスチンには70種類以上の同族体がある．通常，シアノバクテリアでは，3～5種類のミクロシスチンで全ミクロシスチンのおよそ80％を占めているが，残りの20％に5～8種類のミクロシスチンが含まれている場合がしばしばある．

最近の考え方では，すべてのミクロシスチンを毒性の最も強いミクロシスチン-LRとみなす方法つまり，「ミクロシスチン-LR換算等量」という表記が求められている．したがって，ミクロシスチン-LR換算等量を求めるにはすべてのミクロシスチンを測定することが必要になる．

現在，最もよく使われている方法は，高速液体クロマトグラフ装置（HPLC，以下LC）でミクロシスチンと共雑物質を分離して，紫外線（UVと略す）検出器でミクロシスチンのUVの吸収強度をピークとして検出するという方法である．LCで分離する場合の条件として，移動相のある成分の濃度を上げるグラジエント方式[1]と，成分組成を変えないイソクラティック方式[2)]とがある．グラジエント方式では分析時間を短縮できるが，類似した性質を持つ他の物質が共存している場合は分離できないことがある．イソクラティック方式の場合はグラジエント方式の欠点が長所となる．しかし，ミクロシスチンが含まれる画分にはたくさんの生体成分が共雑物質として含まれてくる．LCでミクロシスチンと共雑物質とを完全に分離するにはかなり難しい技術が必要となる．また，小さなミクロシスチンのピークは定量しにくいし，もっと小さなピークは見落とすことになる．つまり，すべてのミクロシスチンを測定しているとは言えないということである．従って，ミクロシスチン-LR換算等量を求めるための全ミクロシスチン量を高速液体クロマトグラフ/UV検出器で求めるのは，良い方法とはいえないことになる．UVの代わりに質量分析計（MS）を用いた場合は検出感度は上がるが，基本的な状況は紫外線を用いた場合と同じである．

13･1･2 ELISA法

全ミクロシスチンを測る方法として，ミクロシスチン同族体に共通して存在し，部分構造が変わらないユニットを測定することが試みられている．その一つは抗体を用いる方法で，ELISA（Enzyme-linked immuno sorbent assay，酵素結合型免疫吸着検定法の意味）と呼ばれている．また，ミクロシスチン-LRの抗体ができやすいように，ミクロシスチン-LRをタンパク質に結合させて抗原とする．次に，ウサギやマウスにこの抗原を注射する．注射を毎日続けると，数カ月間で抗体ができてくる．抗体は免疫グロブリンというタンパク質であるが，免疫グロブリンにはE，G，M等たくさんの種類があるし，抗原の様々な部位を認識する免疫グロブリンがたくさんできてきている．免疫グロブリンのつくられる場所は脾臓のリンパ球という細胞である．通常，一個のリンパ球は一種類の免疫グロブリンしかつくらないといわれている．そこで，最も特異性が高く，結合力の強い免疫グロブリンをつくるリンパ球を探すために，脾臓をすりつぶしてリンパ球をバラバラにし，リンパ球を一個ずつにする．リンパ球一個からつくられる免疫グロブリンはわずかであるので，リンパ球を増やさなければならない．しかし，リンパ球は通常の培養では増殖しないので，薬剤でリンパ球をガン化させて増殖させる．こうして得られた抗体をモノクローナル抗体と呼んでいる．このようにして増えたモノクローナル細胞からつくられる免疫グロブリンと抗原との結合の特異性や強さを調べ，最も適切な免疫グロブリンをつくるリンパ球を選抜する．このリンパ球を増やせば，必要な免疫グロブリンはいくらでもつくれるというわけである．しかし，この免疫グロブリンにも欠点がある．通常，抗原はミクロシスチン-LR からつくられている[2]．したがって，できてきた抗体はミクロシスチン-LR に対して最も反応性が高いのは当然である．その抗体の中から，いくらミクロシスチンの共通部分だけを認識する抗体を選抜しようとしても，ミクロシスチン同族体に均一な反応性を示す抗体は得られない．おそらく，水溶液中のミクロシスチン同族体の立体構造がそれぞれ少しずつ異なっているためではないかと考えられている．ミクロシスチン-LR を抗原としてつくられた抗体のミクロシスチン-LR に対する結合の強さを 100 とすると，ミクロシスチン-RR に対しては 109，ミクロシスチン-YR に対しては 80，ミクロシスチン-LA に対しては 30 というように，同族体の種類によって結合の強さが異なる[3]．また，ミクロシスチンがないにもかかわらず，ある類似構造をもつ物質が抗体に結合するということも起きる．つまり，正確に濃度が測定できないことになる．飲料水中のミクロシスチンのガイドラインが 1 μg/l のとき，重要なのはミクロシスチン濃度が 1.0 なのか 0.9 なのかということであるので，測定は正確さが要求される．まして，将来このガイドライン値が 0.1 μg/l になると，より正確な測定が必要になってくる．ELISA 法でミクロシスチンを定量しようとするには，ミクロシスチン同族体に対する結合の強さを等しくしなければならない．

13・1・3　プロテインホスファターゼアッセイ (Protein Phosphatase Assay)

ミクロシスチンの毒性は，肝細胞のプロテインホスファターゼという酵素を阻害することによって発現する．このことを利用して，ミクロシスチンを定量する方法がある[4)]．

この方法は，水中でプロテインホスファターゼを阻害する物質はミクロシスチンだけであるという仮定のうえに成り立っている．ミクロシスチンの同族体に対しては比較的一定した阻害活性がみられている．しかし自然界には，毒性がないにもかかわらずプロテインホスファターゼを阻害する物質がいくつも見つかっている．例えば，ノストサイクリン（nostocyclin）という環状ペプチドはミクロシスチンと類似の物理化学的性質を持っているが，毒性はない．しかし，プロテインホスファターゼを阻害する[5)]．阻害活性はミクロシスチンの100分の1程度であるが，ノストサイクリンの細胞内濃度は100倍以上あるから，無視できない活性を示すことになる．毒性がないのになぜプロテインホスファターゼを阻害するのかと不思議に思われるかもしれないが，ノストサイクリンは細胞の中に入れないので，生体ではプロテインホスファターゼと接触する可能性はないのである．しかし，試験管内（*in vitro* という）ではシアノバクテリアの細胞抽出液と酵素を混ぜるので酵素を阻害するのである．従って，ミクロシスチンを正確に測定するという目的からはこの酵素阻害活性法も有効ではないということになる．

13･1･4　化学分解　GC/CI-MS法

ミクロシスチン同族体に共通した部分としてAddaと呼ばれているユニットがある．このユニットには二重結合が2つ続いた部分（共役二重結合）がある．この部分を過マンガン酸カリウムと過ヨウ素酸ナトリウムの混合液で室温で2～4時間かけて酸化分解すると，2-メチル-3-メトキシ-4-フェニル酪酸（MMPB）と呼ばれる物質が生成する．このMMPBをGC（ガスクロマトグラフ）で分離して化学イオン化法（CI）で分子をイオン化し，質量分析計（MS）で測定することによって，全ミクロシスチンを測定する方法が提唱されている[6,7)]．定量に際しては，MMPBのメトキシ基（OCH_3）の水素を重水素（D）に代えた（OCD_3）MMPB-d_3を内部標準物

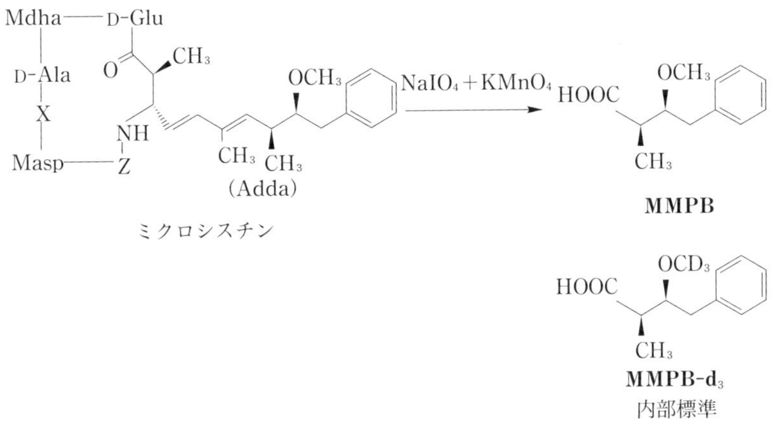

図 13・1　化学分解法によるミクロシスチンからの MMPB の生成と内部標準（MMPB-d_3）の構造
X，Z は L-アミノ酸.

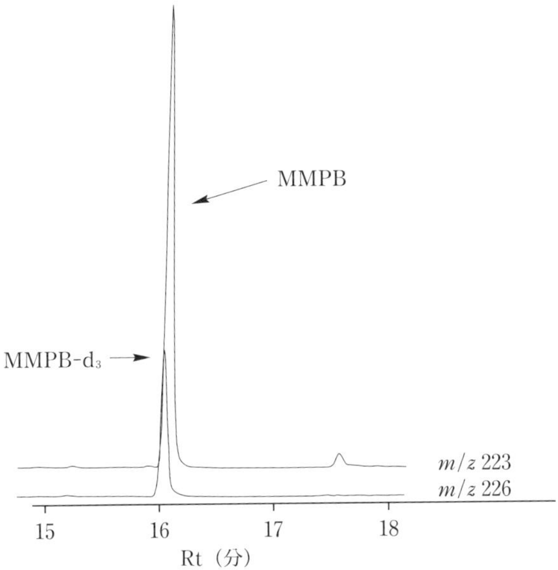

図 13・2　MMPB と内部標準 MMPB-d_3のガスクロマトグラフ・質量分析計によるマスクロマト〔質量数（m/z）223 と 226 でモニターしたクロマトグラム〕

質として用いている．この方法の場合，微量の同族体があっても見落とす心配はない．気になる問題点は，酸化分解によるMMPBの回収率が65～70％に落ちる場合があることである．いろいろ検討されているが，まだ，変動幅が大きいようである．この値が90～95％になれば変動幅も小さくなり，申し分ない方法といえよう．

分析精度や感度の向上のためにGC/MSやLC/MSなどの大型の分析機器を用いた計測法が開発されているが，ミクロシスチンによる被害が多発している発展途上国では，高価な大型分析機器を購入する財力はないと思われる．またわが国の保健所の検査室にGC/MSやLC/MSがあることも希である．このようなところでは，もっと手近な汎(はん)用機器で測定できる高感度分析法の開発が望まれている．

13･2　アナトキシン-aとアナトキシン-a(s)

アナトキシン-aにも構造の少し違う同族体がある．アナトキシン-aに付いているCH_3CO基がCH_3CH_2CO基になったもので，ホモアナトキシン-aと呼ばれている．これらのアナトキシンの分析はほとんどが高速液体クロマトグラフ装置（LC）で行われている[8]．検出器にはUV検出器やフォトダイオードアレイ（PDA）検出器の他MS[9]も使われている．信頼性という観点から見れば，LC/MS法が優れているといえる．その他，アナトキシンを誘導体化してGC/MSで定量する方法もある．アナトキシン-a(s)を分析した例[10]として，LCで分析したものがあるが，紫外，可視領域にほとんど吸収がないために，まだ有効な分析法は確立されていない．

13･3　シリンドロスパモプシン

シリンドロスパモプシンは一種類であるが，毒性のない同族体が一つある．分析はLCとUV検出器，またはMSで行われている[11]．この他，

TOF-MS（飛行時間型質量分析計）で細胞抽出液から直接検出する方法もあるが，定量性についての検討はなされていない．

13•4　サキシトキシン

サキシトキシンはアナベナやアファニゾメノンなどのシアノバクテリアの毒素であるが，古くから貝毒として知られてきたので，分析方法もたくさん報告されている．分離はLCで行われる例が多いのであるが，毛細管電気泳動（Capillary　Electrophoresis）という方法で行われた例もある．検出はUVまたは可視部の吸収強度によって行われているが，サキシトキシンに色素を結合させた後に分析するプレカラム法と，LCで分離した後で発色させるポストカラム法[12)]がある．LCの検出器としてMSを使う方法も行われている．LC/MSではイオン化の方法によって感度が変わるといわれているので，イオン化の方法によって検出限界も変わることになる．

14　国内のシアノバクテリア

これまで，国内のシアノバクテリアの発生で有名な湖沼は霞ヶ浦，諏訪湖であったが，最近では琵琶湖，福井県の三方湖，奥多摩湖，小笠原父島の時雨ダム，河口湖，相模湖，津久井湖，北海道では網走湖，札幌市郊外の茨戸湖，岡山県の児島湖（図 14•1）等がシアノバクテリアの発生湖沼として知られるようになってきた．種類はミクロキステス属が圧倒的に多い．しかし，霞ヶ浦ではミクロキステス属やアナベナ属の発生から，最近ではプランクトスリックス属（*P. agardhii* や *P. raciborskii* 等）へと変化してきている[1)]．琵琶湖でも以前はカビ臭の原因となるホルミジウム・テヌエの発生から，ミクロキステス属やアナベナ属の発生へと移ってきている．また最近の調査で，児島湖で発生したシアノバクテリア（ミクロキステス・エルギノーサ）に含まれるミクロシスチンの量が，国内の湖沼で発生するシアノバクテリアに含まれる量の 10 倍以上も多いことが明らかになり，新聞で報道されたことがあった．

ミクロキステス属が大量発生する湖沼の特徴として高村[2)]は，（1）調和型湖沼（生物の生活に重点を置いた湖沼の分類で，生物の生活環境として調和のとれている湖沼のこと．つまり，生物の生存，増殖にとってバランスがとれた状態となっている湖沼を指す）であること，（2）透明度が低いこと，（3）水深が 13 m 以下の浅い湖沼であること，（4）湖水の全リン量が 80 mg/m^3以上であること，（5）全窒素量が 500 mg/m^3以上であること，（6）一次生産量が 300 $gC/m^2/y$ 以上であること，などをあげている．

猛毒アオコ 日本にも

岡山・児島湖から検出

国内平均の10倍超す濃度 水源への拡散警戒

アオコが繁殖する岡山県の児島湖で、人体に有害なアオコ毒「ミクロシスチン」が国内平均の十倍以上という高濃度で検出された。環境庁が自治体に委託して実施した調査で分かった。湖や池の水面を緑色に染めるアオコの正体は、大量発生した浮遊性のらん藻。今回、高濃度になった原因はまだはっきりしないが、外国産観賞魚を水槽の水と一緒に川や湖に捨てるなどして、海外の有毒らん藻が日本の湖に持ち込まれ繁殖した可能性がある。取水源ではないので人体への危険は小さいとみられるが、専門家らはアオコ毒汚染の拡大を警戒している。

（山本　智之）

ミクロシスチンが人体に入ると、肝臓が障害を受ける。マウスの半数致死量は体重一キロ当たり五十―百マイクログラム（一マイクロは百万分の一）で、極めて毒性が強い。慢性的な影響として肝がんを促進するとの報告もある。

世界保健機関（WHO）は昨年、飲料水中のアオコ毒の基準を「一リットル当たり一マイクログラム以下」とするガイドライン値を打ち出した。これを受けて厚生省は、生活環境審議会水道部会で国内基準値をどうするか検討。「日本ではこれまで目立った人的被害は報告されていない。水道水からも高濃度のアオコ毒は検出されていない」（同省水道整備課）などの理由から、基準値作りが見送られた。

アオコになるらん藻の中でよく知られているのはミクロキスティス・エルギノーサという種類。国立環境研究所は一九九二年から昨年にかけて、世界各地でこのらん藻を採取し、毒素の含有量を調べた。

その結果、日本産のこの種類には、乾燥重量一グラム当たり平均で〇・三ミリグラムだったのに対し、中国産はその二・三倍、タイ産は二・七倍、英国産は三・三倍、オーストラリア産は十二・七倍の毒素が含まれていることがわかった。

児島湖で昨年夏に表層水とアオコを一緒に採取して分析したところ、一リットル当たり最高で三十ミリグラムが検出された。

アオコを含んだ水の採取時、液体に比べて固形の割合がふえると、毒素の量が多くなる。環境研の彼谷邦光・化学毒性研究室長は「風で吹き寄せられたアオコを採取して測定しても、これまで日本で知られているタイプのらん藻では、大量の毒素が検出されることはあり得ない。乾燥アオコに換算したミクロシスチン濃度は一グラム当たり三・四ミリグラム相当とオーストラリア並みになる」という。

海外では、アオコ毒による水源汚染のせいで人や家畜が死ぬ被害も出ている。

九六年二月にブラジルの病院で、血液透析を受けた百二十六人の患者が肝機能不全などの肝臓疾患、めまいや吐き気などの神経症状を訴え、このうち少なくとも七十人以上が発生から数日以内に死亡した。米英の調査チームは死んだ患者の血液から高濃度のアオコ毒を検出。透析液に使われた水道水にアオコ毒が溶け込んでいたと報告した。

児島湖で調査をした岡山県環境保健センターによると、湖の水は、主に水田などの農業用水として使われており、飲料水用の取水源ではない。毒素が作物の葉につくと枯れる可能性はあるが、蓄積される心配はない。ただ、毒素の多いアオコが拡散すれば、取水源にも危険が及ぶ。

水に溶け込んだ毒素は活性炭などで除去できるが、らん藻の細胞が混ざると十分に除去できない。彼谷室長は「水源汚染を防ぐ効果的な対策を考える必要がある」と話す。

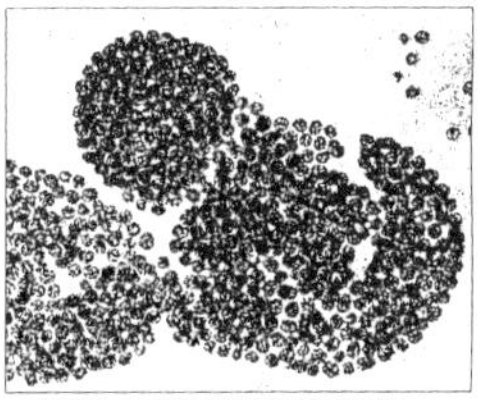

大発生してアオコを形成する代表的ならん藻、ミクロキスティス・エルギノーサ。粒状の細胞は直径約5マイクロメートル＝国立環境研究所提供

図 14・1　日本に毒性の強い有毒アオコが出現したことを報じる朝日新聞の記事（1999 年 9 月 8 日）

国内の湖沼におけるシアノバクテリアの分布は国立科学博物館植物研究部のホームページで，発生状況は釣りをする人達のホームページ（例えばブラックバス釣り）で見ることができる．また，一般の方から著者に情報提供をしてくださる場合も多い．発生時期は北海道・東北地方は 6 ～ 9 月にかけて，関東・甲信越地方は 5 ～10 月にかけて，東海・近畿地方および中国・

図 14・2 茨城県内の池に発生したアオコ（ミクロキステス・エルギノーサ）

四国地方では 4 ～10 月にかけて，九州・沖縄地方では 4 ～12 月にかけての場合が多い．ここでは，一般に知られている主なシアノバクテリアの発生湖沼を地方別に記載した．発生状況は薄く水面に浮かんでいるものから，スカム状になったものまでを含んでいる．

北海道・東北地方

茨戸湖，阿寒湖，網走湖，塘路湖，八郎潟，釜房ダム，大倉ダム，小松島沼，五百淵，酒蓋池，善宝池/ミクロキステス，アファニゾメノン，アナベナ，プランクトスリックス（オッシラトリア）

関東・甲信越地方

薊沼，御手洗潟，諏訪湖，野尻湖，霞ヶ浦，涸沼，千波湖，北条大池，印旛沼，手賀沼，小河内ダム，奥多摩湖，時雨ダム，不忍池，新宿区内堀，相模湖，津久井湖，河口湖，朝日池，金水谷戸池/ミクロキステス，アファニゾメノン，アナベナ，シリンドロスパモプシス，プランクトスリックス（オッシラトリア）

近畿・東海地方

琵琶湖，余呉湖，浜名湖，佐鳴湖，三方湖，入鹿池，水池，新海池，広沢池，小倉池，大阪城堀，高山ダム，とっくり池，鷺池/ミクロキステス，アファニゾメノン，アナベナ，シネココッカス，プランクトスリックス（オッシラトリア）

中国・四国地方

宍道湖，湖山池，水知池，児島湖，椋梨ダム，三川ダム，本庄貯水池，米泉湖，菅野湖，黒杭川ダム/ミクロキステス，アナベナ

九州・沖縄地方

屯田貯水池，伊岐佐ダム，緑川ダム，山下池/ミクロキステス，アナベナ

国内におけるシアノバクテリアによる健康被害に関する記録はない．しかし，魚や鳥の斃死の記録はいくつか見られる．魚の大量斃死は毎夏のようにどこかの湖沼で起きている．例えば，霞ヶ浦の養魚場におけるアナベナ・スピロイデスの神経毒によるコイの大量死や，琵琶湖の稚アユの大量死などである．このようなシアノバクテリアの毒素によると思われる魚の大量死は，かなり古くからあるようである．1969 年に北海道のオホーツク海沿岸の河口でウグイ，カレイ，イトウ等が大量に斃死し，付近一帯はカビ臭がした．河口ではアナベナ属が大量発生していたという記録[3)]がある．1995 年頃には岡山県の児島湖で水鳥が大量に斃死したことがあった．解剖の結果，死亡した水鳥の胃から大量のシアノバクテリア（ミクロキステス属）の細胞が検出されたという記事が新聞に報道されたことがある．

シアノバクテリアの毒素ミクロシスチンには植物の発芽や成長を阻害する性質もあるので，農業用水に多量のシアノバクテリアが発生している時期の水を農作物に使うのは控えたほうがよいと考えられる．国内では，シアノバクテリアの毒素による農作物被害の調査が行われていないので実態はわからないが，何らかの被害が出ているのではないだろうか．

15　21世紀の水環境

国連環境計画（UNEP）は，21世紀の水環境に対して悲観的な予測をしている[1]．世界の人口増加と産業の活発化により，飲料水や農工業用の淡水需要はますます増え，水不足になると予測しているのである．水不足は単に人口増加や産業の活発化だけによるものではなく，森林破壊によって雨水を保持する力がなくなること，温暖化に伴う気候変動による集中豪雨型の利用できない水の増加なども，水不足の原因となると予想されている．水不足は特に，アジアの諸国で人口増加と産業の活発化により進むと予測されている．人口増加にともなって食糧の増産が必要になり，即効性の窒素やリンの化成肥料が大量に田畑に投入されると予想されている．有機質のない土壌は硝酸塩を保持しにくく，ほとんどは湖沼や沿岸海域に流れ込みどんどん蓄積していくと考えられている．また，酸性雨によって土壌中のカルシウムなどの陽イオンが流失し，硝酸などの陰イオンが保持されなくなるともいわれている．これらの状況から，いわゆる「窒素のローディング（loading；蓄積)」という問題が深刻になると予想されている．水中の窒素が多くなるとシアノバクテリアにとって理想的な環境になり，水質はますます悪くなることになる．その結果，安価に利用できる飲料水や農工業用水がますます少なくなるというシナリオが描かれているのである．同様なことは沿岸海域でも起こり，赤潮等が頻発し，養殖漁業に大きな被害が起こると予測されている．また，文明評論家は水が原因で戦争が起きる可能性さえ指摘している．UNEPのシナリオの通りに進むと，アジアで成長した産業は安くて豊富な工業用水を求めて他の地域に移っていくことになる．また，ミクロシスチンを含む水は植物の発芽や成長を阻害するので，農産物の減収にもつながる．人口増加と収入減，そして食糧不足で，アジアは再び貧困地域へと転落していくことになると予想されている．窒素ローディングの問題は世界の経済や産業はもちろん，世界の貧困層の問題とも密接に関連しているのである．

窒素ローディングの原因は化成肥料だけではない．下水処理場から放流される処理水にも高濃度の窒素やリンが含まれている．また，工業廃水にも窒素やリンの多いものがある．田畑からの窒素のローディングを止めるには，田畑に堆肥等の有機質をたくさん入れることだといわれている．しかし，日本の現在の農業環境から見て，堆肥をつくるいわゆる有機農法は簡単ではないであろう．また，下水処理水や廃水から窒素やリンを除去することも必要であるが，現在の下水処理や工業廃水処理では窒素は硝酸塩としてそのまま放流されている．この硝酸塩を安価で効率的に捕集する技術の開発が望まれている．この窒素捕集技術は，21世紀における世界の水環境の改善技術として最優先すべき技術の一つである．有効な窒素ローディング対策は，日本だけではなく世界の緊急の課題となっているのである．

世界的な視野で，富栄養化による水質の悪化が問題になっている地域を天然湖沼，ダム・河川，河口・内湾，および海岸域に分けて見てみると，アフリカの天然湖沼はまだ富栄養化が進行していないようであるが，北アメリカ，アジア，オセアニア，ヨーロッパの天然湖沼はかなり富栄養化が進んで

Monday, February 7, 2000 THE MERCURY — 7

Algal bloom poisons dam as conference begins

By HARRIET BINET

JUST as an international conference on algal bloom opens in Hobart, one of Tasmania's major irrigation dams has been declared a health risk because of an outbreak of blue-green algae.

The news comes after a Tasmanian academic warned last week that Australia was suffering from algal apathy.

The Rivers and Water Supply Commission announced on Saturday that the toxic anabaena circinalis had been detected in harmful levels at the Craigbourne Dam in the Coal River Valley.

Commission administrative officer Mauri Costa said the dam water had been declared unsuitable for human or animal consumption or for recreational activities.

Ingesting the water in large enough quantities could cause liver damage while contact with the skin could cause a rash or irritation.

Associate Professor Gustaaf Hallegraeff, of the University of Tasmania's School of Plant Science said the problem of algal bloom was caused by phosphate from farm fertilisers leaching into catchment areas.

"The phosphate levels are so high . . . it's unambiguous," Dr Hallegraeff said.

However, Mr Costa said the Craigbourne bloom was caused by naturally occurring levels of phosphate in soil.

"The warmer weather has allowed the algae to develop in much larger numbers than normal," Mr Costa said.

Dr Hallegraeff is the convenor of the conference of algal bloom which opened at Wrest Point yesterday.

Of the 400 people attending the conference, only 72 are Australian — a number Dr Hallegraeff said demonstrated an apathy towards the problem in this country.

Mr Costa was surprised by Dr Hallegraeff's criticism, saying the CSIRO and other research bodies had been working on better solutions to the problem for several years.

図 15•1　有毒シアノバクテリアの国際会議の開催日にシアノバクテリアによってダムの水が有毒化したことを伝えるオーストラリア・タスマニア州の新聞（THE MERCURY）の記事（2000年2月7日）

表 15・1　富栄養化による水質の悪化が問題になっている地域
（文献[1]より改変）

地域・国	天然湖沼	ダム・河川	河口・内湾	海岸域
アフリカ				
中央アフリカ地域	＋	＋＋	＋	
北アフリカ地域		＋	＋＋	＋
南アフリカ地域		＋＋		
中央アメリカ				
カリブ海諸国	＋	＋		＋
グアテマラ/ニカラグア	＋			
メキシコ	＋	＋＋		
北アメリカ				
カナダ	＋＋	＋	＋	
アメリカ合衆国	＋＋	＋＋	＋＋	＋
南アメリカ				
アルゼンチン/チリ	＋	＋＋	＋	＋
ブラジル	＋	＋＋	＋＋	＋
コロンビア/エクアドル	＋	＋＋	＋	＋
ヴェネズエラ/スリナム	＋	＋	＋＋	
アジア				
中国	＋＋	＋	＋	
インド/パキスタン	＋	＋＋	＋	
インドシナ	＋	＋		
インドネシア/フィリピン	＋＋	＋		
日本	＋＋	＋	＋＋	＋
オセアニア				
オーストラリア	＋＋	＋＋	＋＋	＋
ニュージーランド	＋＋	＋＋	＋＋	＋

＋　富栄養化による水質問題が起きている．
＋＋　富栄養化による深刻な水質問題が起きている．

いる．ダム・河川の富栄養化は世界的に進んでおり，例外はないようである．河口・内湾では，地中海に面した北アフリカ，北アメリカ，南アメリカの東側，オセアニア，バルト海に面した北ヨーロッパが富栄養化している（表 15・1）．

河口・内湾の富栄養化と関連して，地中海やバルト海の海岸域の富栄養化

表 15･1 (続き)

地域・国	天然湖沼	ダム・河川	河口・内湾	海岸域
ヨーロッパ (EU 諸国)				
ベルギー		+		
デンマーク	++			+
フランス		++	+	++
ドイツ	++	++	+	+
ギリシャ		+	+	+
アイルランド	++	+		
イタリア	++	++	+	++
オランダ		++	++	
ポルトガル		++	+	
スペイン		++	+	
イギリス (UK)	++	++		
オーストリア	++			
旧チェコスロバキア			+	+
フィンランド	+	++	++	+
ハンガリー	+	++	+	+
ノルウェー	+	+	++	
ポーランド	++	+		
ルーマニア	++	+	+	
スウェーデン	+	++	+	
スイス	+	+		
旧ソ連	++	+		
旧ユーゴスラビア	++	+	++	+

+　富栄養化による水質問題が起きている．
++　富栄養化による深刻な水質問題が起きている．

が特に進行している．このままの状態で富栄養化が進行すれば，天然湖沼やダム・河川はもちろん，河口・内湾，海岸域にいたるまで，シアノバクテリアや赤潮でいっぱいになることであろう．バルト海ではすでに有毒シアノバクテリアであるノジュラリアが海面を覆い，悪臭を放っている．21 世紀は人類の生存と地球の再生をかけて，シアノバクテリアと戦わなければならないであろう．

おわりに

21世紀は水不足の世紀になることがUNEPの報告書に述べられている．その根拠は人口の増加，産業活動の活発化による水需要の増加，温暖化，森林破壊による水資源の減少，そして，富栄養化にともなって発生する有毒シアノバクテリアによる有効水資源の減少である．我が国では真夏の渇水期に水のありがたさを感じるが，この時期を過ぎれば，また，水は無尽蔵にある資源と考えてしまう．21世紀には，これまで只(ただ)と思ってきた水が貴重な資源となるに違いない．水の量を確保しても水質が悪ければ資源としての価値はないことになる．まして，毒素の混入した水など論外であろう．最低限の水質として，飲料用，農水産用やそれらの加工工業用の水に有害物質や毒素が混入していないことが求められる．人為的制御の難しいシアノバクテリアの発生や毒素をいかに制御するか，水資源確保のために最初に解決しなければならない問題である．

本書は，シアノバクテリアという有毒微生物を通して水環境の問題を異分野の研究者や学生の方々，また一般の方々にもご理解していただくことを念頭に置いてまとめたものである．拙著『環境のなかの毒ーアオコの毒とダイオキシン』（裳華房）を入門書とすれば，本書は中級編に相当する．もっと詳細な資料を求められる読者の方がおられたら，躊躇(ちゅうちょ)なく著者に連絡をいただきたい．出来る限りのお手伝いをさせていただくつもりでいる．

最後に，10年以上におよぶシアノバクテリア研究プロジェクトを共に推進してきた国立環境研究所の渡辺　信博士，共同研究者として苦楽を共にしてきた佐野友春博士にこの場をお借りして深甚なる謝意を表したい．渡辺眞之博士提供のシアノバクテリアの写真は『日本のアオコ　湖沼に生息する太古の住人ー観察と分類』（国立科学博物館）から転載させていただいた．

記してお礼申し上げる．また，この貴重な執筆の機会を与えていただいただけでなく，原稿構成のご援助と丁寧な査読をしていただいた裳華房編集部の小島敏照氏に心から感謝を申し上げたい．

文　献

［1　シアノバクテリアと奇病］

1. Jeddeloh, B. Zu. (1939) Haffkrankheit. *Erg. Inn. Med.,* **57**：138-182.
2. Berlin, R. (1948) Haff disease in Sweden. *Acta Medica Scandinavica,* **129**：560-572.
3. Byth, S. (1980) Palm island mystery disease. *Med. J. Aus.,* **2**：40-42.
4. Bourke, A. T. C., Hawes, R. B., Neilson, A. and Stallman, N. D. (1983) An outbreak of hepato-enterities (the Palm Island Mystery Disease) possibility caused by algal intoxication. *Toxicon,* **3** (Suppl.)：45-48.
5. Delong, S. (1979) Drinking water and liver cell cancer：An epidemiological approach to the etiology of this disease in China. *Chin. Med. J.,* **92**：748-756.
6. Yu, S. Z. (1989) Drinking water and primary liver cancer. In：Tang, Z. Y., Wu, M. C. and Xia, S. [Eds.] “Primary Liver Cancer” Beijing and Heidelberg：China Academic Publishers and Springer-Verlag, pp. 30-37.
7. Yu, S. Z. (1995) Primary prevention of hepatocellular carcinoma. *J. Gastroent. Hepatol.,* **10**：674-682.
8. Dillenberg, H. O. and Dehnel, M. K. (1960) Toxic water bloom in Saskatchwan 1959. *Can. Med. Assoc. J.,* **83**：1151-1154.
9. Falconer, I. R., Beresford, A. M. and Runnegar, M. T. C. (1983) Eciden-ce of liver damage by toxin from a vloom of the blue-green alga *Microcystis aeruginosa. Med. J. Aus.,* **1**：511-514.
10. Teixera, M. G. L. C., Costa, M. C. N., Carvalho, V. L. P., Pereira, M. S. and Hage, E. (1993) *Bulletin of the Pan American Health Organization,* **27**：244-253.
11. Tunner, P. C., Gammie, A. J., Hollinrake, K. and Codd, G. A. (1990) Pneumonia associated with cyanobacteria. *Br. Med. J.,* **300**：1440-1441.

12. Pilotto, L. S., Douglas, R. M., Burch, M. D., Cameron, S., Beers, M., Rouch, G. R., Robinson, P., Kirk, M., Cowie, C. T., Hardiman, S., Moor, C. and Attewell, R. G. (1997) Health effects of recreational exposure to cyanobacteria (blue-green algae) during recreational water-related activities. *Aus. N. Zealand J. Public Health,* **21**：562-566.

13. Jochimsen, E. M., Carmichael, W. W., An, J., Cardo, D. M., Cookson, S. T., Holmes, C. E. M., Antunes, M. B. de C., Filho, D. A. de M., Lyra, T. M., Barreto, V. S. T., Azevedo, S. M. F. O. and Jarvis, W. R. (1998) Liver failure and death after exposure to microcystins at a haemodialysis center in Brazil. *New Engl. J. Med.,* **338**：873-878.

［2　シアノバクテリアの正体］

1. Whittaker, R. H. (1969) New concepts of kingdoms of organisms. *Science,* **163**：159-160.

2. Paerl, H. W., Tucker, J. and Bland, P. T. (1983) Carotinoid enhancement and its role in maintaining blue-green algal (*Microcystis aeruginosa*) surface blooms. *Limnol. Oceanogr.,* **28**：847-857.

3. Otsuka, S., Suda, S., Li, R. H., Watanabe, M., Oyaizu, H., Hiroki, M., Mahakhant, A., Liu, Y. D., Matsumoto, S. and Watanabe, M. M. (1998) Phycoerythrin-containing *Microcystis* isolated from P. R. China and Thailand. *Phycol. Res.,* **46**：45-50.

4. Gupta, R. S. (1998) Protein phylogenies and signature sequences：A reappraisal of evolutionary relationships among Archaebacteria, Eubacteria, and Eukaryotes. *Microbiol. Mol. Biol. Rev.,* **62**：1435-1491.

5. ラブロック，J.（1989）ガイアの時代：地球生命圏の進化（黒川　淳 訳）．工作舎．

6. Woese, C. R., Randler, O. and Wheelis, M. L. (1990) Towards a natural system of organisms：proposal for the domains Archaea, and Eukarya. *Proc. Natl. Acad. Sci. USA,* **87**：4576-4579.

7. 渡辺眞之（2000）日本のアオコ　湖沼に生息する太古の住人ー観察と分類．国立科学博物館．

8. Otsuka, S., Suda, S., Li, R. H., Matsumoto, S. and Watanabe, M. M. (2000) Morphological variability of colonies of *Microcystis* morphospecies in culture. *J. Gen. Appl. Microbiol.,* **46**：39-50.

[3　シアノバクテリアの発生条件]

1. Zohary, T. and Madeila, A. M. P. (1990) Structural, physical and chemical characterization of *Microcystis aeruginosa* hyperscums from a hypereutrophic lake. *Freshwater Biol.,* **23** : 339-352.
2. Okino, T. (1973) Studies on the blooming of *Microcystis aeruginosa. Jap. J. Botany,* **20** : 381-402.
3. Person, P. E. (1983) Off-flavors in aquatic ecosystems　An introduction. *Wat. Sci. Technol.,* **15** : 1-11.
4. Kim, D. and Watanabe, Y. (1993) The effect of long wave ultraviolet radiation (UV-A) on the photosynthetic activity of natural population of freshwater phytoplankton. *Ecol. Res.,* **8** : 225-234.
5. Van Liere, L. and Walsby, A. E. (1982) Interaction of cyanobacteria with light. In : Carr, N. G. and Whitton, B. A. [Eds.] "The Biology of the Cyanobacteria" Blackwell Science Publishers, Oxford, pp. 9-45.
6. Schreurs, H. (1992) "Cyanobacterial Dominance, Relation to Eutrophication and Lake Morphology" Thesis. University of Amsterdam.
7. Imai, A., Fukushima, T. and Matsushige, K. (1999) Effects of iron limitatrion and aquatic humic substances on the growth of *Microcystis aeruginosa. Can. J. Fish. Aquat. Sci.,* **56** : 1929-1937.
8. Watanabe, M. M., Zhang, X. and Kaya, K. (1996) Fate of toxic cyclic heptapeptides, microcystins, in toxic cyanobacteria upon grazing by the mixotropic flagellate *Poterioochromonas malhamensis* (Ochromonadales, Chrysophyceae). *Phycologia,* **35** (6 Supp.), 203-206.
9. Watanabe, M. M., Kaya, K. and Takamura, N. (1992) Fate of the toxic cyclic hepatopeptides, the microcystins, from blooms of *Microcystis* (cyanobacteria) in a hypertrophic lake. *J. Phycol.,* **28** : 761-767.

[4　シアノトキシン]

1. Kaya, K. (1995) Toxicology of microcystins. In : Watanabe, M. F., Harada, K., Carmichael, W. W. and Fujiki, H. [Eds.] "Toxic Microcystis" CRC press, Boca Raton, pp. 175-202.
2. Beattie, K. A., Kaya, K. and Codd, G. A. (2000) The cyanobacterium *Nodularia* PCC7804, of freshwater origin, produces [L-Har^2] nodularin. *Phytochem.,* **54** : 57-61.

3. Sano, T. and Kaya, K. (1995) A 2-amino-2-butenoic acid (Dhb)-containing microcystin isolated from *Oscillatoria agardhii. Tetrahedron Lett.,* **47** : 8603-8606.
4. Sano, T., Beattie, K., Codd, G. A. and Kaya, K. (1998) Two (*Z*)-dehydrobutyrine-containing microcystins from a hepatotoxic bloom of *Oscillatoria agardhii* from Soulseat Loch, Scotland. *J. Natural Prod.,* **61** : 851-853.
5. Sano, T. and Kaya, K. (1998) Two new (*E*)-2-amino-2-butenoic acid (Dhb)-containing microcystins isolated from *Oscillatoria agardhii. Tetrahedron,* **54** : 463-470.
6. Beattie, K. A., Kaya, K., Sano, T. and Codd, G. A. (1998) Three dehydrobutyrine-containing microcystins from *Nostoc. Phytochem.,* **47** : 1289-1292.
7. Matthiensen, A., Beattie, K. A., Yunes, J. S., Kaya, K. and Codd, G. A. (2000) [D-Leu[1]] microcystin-LR, from the cyanobacterium *Microcystis* RST 9501 and from a *Microcystis* bloom in the Patos Kagoon estuary, Brazil. *Phytochem.,* **55** : 383-387.
8. Kondo, F., Ikai, Y., Oka, H., Okumura, M., Ishikawa, N., Harada, K., Matsuura, K., Murata, H. and Suzuki, M. (1992) Formation, characterization, and toxicity of the glutathione and cystein conjugates of toxic heptapeptide microcystins. *Chem. Res. Toxicol.,* **5** : 591-596.
9. Ohta, T., Sueoka, E., Iida, N., Komori, A., Suganuma, M., Nishiwaki, R., Tatematsu, M., Kim, S-J., Carmichael, W. W. and Fujiki, H. (1994) Nodularin, a potent inhibitor of protein phosphatases 1 and 2A, is a new environmental carcinogen in male F344 rat liver. *Cancer Res.,* **54**, 6402-6406.
10. Ohtani, I., Moor, R. E. and Runnegar, M. T. C. (1992) Cylindrospermopsin, a potent hepatotoxin from the blue-green alga *Cylindrospermopsis raciborskii. J. Amer. Chem. Soc.,* **114** : 7941-7942.
11. Harada, K., Ohtani, I., Iwamoto, K., Suzuki, M., Watanabe, M. F., Watanabe, M. and Terao, K. (1994) Isolation of cylindrospermopsin from a cyanobacterium *Umezakia natans* and its screening method. *Toxicon,* **32** : 73-84.

12. Devlin, J. P., Edwards, O. E., Gorham, P. R., Hunter, M. R., Pike, P. K. and Stavric, B. (1977) Anatoxin-a, a toxic alkaloid from *Anabaena flos-aquae* NRC-44h. *Can. J. Chem.,* **55** : 1367-1371.
13. Matsunaga, S., Moore, R. E., Niemczura, W. P. and Carmichael, W. W. (1989) Anatoxin-a (s), a potent anticholinesterase from *Anabaena flos-aquae. J. Amer. Chem. Soc.,* **111** : 8021-8023.
14. Anderson, D. M. (1994) Red tide. *Scientific American, August*, 52-58.
15. Hawser, S. P., Codd, G. A., Carpenter, E. J. and Capone, D. G. (1991) A neurotoxic factor associated with the bloom-forming cyanobacterium *Trichodesmium. Toxicon,* **29** : 277-278.
16. Mynderse, J. S., Moore, R. E., Kashiwagi, M. and Norton, T. R. (1977) Antileukemia activity in the Oscillatoriaceae, isolation of debromo-aplysiatoxin from *Lyngbya. Science,* **196** : 538-540.
17. Weise, G., Drews, G., Jann, B. and Jann, K. (1970) Identification and analysis of lipopolysaccharide in cell walls of the blue-green algae *Anacystis nidulans. Arch. Microbiol.,* **71** : 89-98.
18. Weckesser, J. and Drews, G. (1979) Lipopolysaccharides of photosynthetic prokaryotes. *Ann. Rev. Microbiol.,* **19** : 133-138.
19. Kaya, K., Sano, T., Watanabe, M. M., Shiraishi, F. and Ito, H. (1993) Thioic *O*-acid ester in sulfolipid isolated from freshwater picoplankton cyanobacterium, *Synechococcus* sp. *Biochim. Biophys. Acta,* **1169** : 39-45.
20. Oberemm, A., Fastner, J. and Steinberg, C. (1997) Effects of microcystin-LR and cyanobacterial crude extracts on embryo-larval development of zebrafish (*Danio rerio*). *Wat. Res.,* **31** : 2918-2921.
21. Sano, T. and Kaya, K. (1995) Oscillamide Y, a chymotrypsin inhibitor from toxic *Oscillatoria agardii. Tetrahedron Lett.,* **36** : 5933-5936.
22. Sano, T. and Kaya, K. (1996) Oscillatorin, a chymotrypsin inhibitor from toxic *Oscillatoria agardhii. Tetrahedron Lett.,* **37** : 6873-6876.
23. Sano, T. and Kaya, K. (1996) Oscillapeptin G, a tyrosinase inhibitor from toxic *Oscillatoria agardhii. J. Nat. Prod.,* **59** : 90-92
24. Sano, T. and Kaya, K. (1997) A 3-amino-10-chloro-2-hydroxydecanoic acid-containing tetrapeptide from *Oscillatoria agardhii. Phytochemis-*

try, **44**：1503-1505.

25. Trimurtulu, G., Ogino, J., Helzel, C. E., Husebo, T. L., Jensen, C. M., Larsen, L. K., Patterson, G. M. L., Moore, R. E., Mooberry, S. L., Corbett, T. H. and Valeriote, F. A. (1995) Structure determination, conformational analysis, chemical stability studies and antitumor evaluation of the cryptophycins. Isolation of 18 new analogs from *Nostoc* sp. strain GSV 224. *J. Amer. Chem. Soc.*, **117**：12030-12049.

[5　シアノトキシンによる水源の有毒化]

1. Francis, G. (1878) Poisonous Australia lake. *Nature*, **18**：11-12.
2. Mahakhant, A., Sano, T., Ratanachot, P., Tong-a-ram, T., Srivastava, V. C., Watanabe, M. M. and Kaya, K. (1998) Detection of microcystins from cyanobacterial waterblooms in Thailand freshwaters. *Phycol. Res.*, **46** (Suppl.)：25-29.
3. Sivonen, K., Namikoshi, M., Evans, W. R., Carmichael, W. W., Sun, F., Rouhiainen, L., Luukkainen, R. and Rinehart, K. L. (1992) Isolation and characterization of a variety of microcystins from seven strains of the cyanobacterial genous *Anabaena*. *App. Env. Microbiol.*, **58**：2495-2500.
4. Yanni, Y. G. and Varmichael, W. W. (1997) Screening of cyanobacteria isolated from soil, rice fields and water resources of the Nile Delta for production of cyanotoxins. Abstract, In：“VII International Conference on Harmful Algae” 25-29 June, 1997 Vigo, Spain.
5. Mez, K., Hanselmann, K., Naegeli, H. and Preisig, H. R. (1996) Protein phosphatase-inhibiting activity in cyanobacteria from alpine lakes in Swizerland. *Phycologia*, **35** (Suppl.)：133-139.
6. Davidson, F. F. (1959) Poisoning of wild and domestic animals by a toxic waterbloom of *Nostoc rivulare* Kuetz. *J. Am. Water Works Ass.*, **51**：1277-1287.
7. Beattie, K. A., Kaya, K., Sano, T. and Codd, G. A. (1998) Three dehydrobutyrine-containing microcystins from *Nostoc*. *Phytochem.*, **47**：1289-1292.
8. Banker, P. D., Carmeli, S., Hadas, O., Teltsch, B., Porat, R. and Sukenik, A. (1997) Identification of cylindrospermopsin in *Aphanizomenon ovalisporum* (*Cyanophyceae*) isolated from Lake Kinneret,

Israel. *J. Phycol.,* **33**：613-616.

9. Carmichael, W. W., Biggs, D. F. and Gorham, P. R. (1975) Toxicology and pharmacological action of *Anabaena flos-aquae* toxin. *Science,* **187**：542-544.

10. Skulburg, O. M., Carmichael, W. W., Anderson, R. A., Matsunaga, S., Moore, R. E. and Skulberg, R. (1992) Investigations of a neurotoxic Oscillatorialean strain (cyanophyceae) and its toxin. Isolation and characterization of homoanatoxin-a. *Env. Toxicol. Chem.,* **11**：321-329.

11. Matsunaga, S., Moore, R. E., Niemczura, W. P. and Carmichael, W. W. (1989) Anatoxin-a (s), a potent anticholinesterase from *Anabaena flos-aquae. J. Amer. Chem. Soc.,* **111**：8021-8023.

12. Carmichael, W. W., Evans, W. R., Yin, Q. Q., Bell, P. and Mocauklowski, E. (1997) Evidence for paralytic shellfish poisons in the freshwater cyanobacterium *Lyngbya wollei* (Farlow ex Gomont) comb. nov. *Appl. Env. Microbiol.,* **63**：3104-3110.

[6　シアノトキシンの毒性]

1. Lovell, R. A., Schaeffer, S. B., Hooser, W. M., Haschek, A. M., Dahlem, W. W., Carmichael, W. W. and Beasley, V. R. (1989) Toxicology of intraperitoneal dose of microcystin-LR in two strains of male mice. *J. Environ. Pathol. Toxicol. Oncol.,* **9**：221-238.

2. Hooser, S. B., Beasley, V. R., Lovell, R. A., Carmichael, W. W. and Haschek, W. M. (1989) Toxicity of microcystin-LR, a cyclic heptapeptide hepatotoxin from *Microcystis aeruginosa*, to rats and mice. *Vet. Pathol.,* **26**：246-252.

3. Robinson, N. A., Pace, J. G., Matson, C. F., Miura, G. A. and Lawrence, W. B. (1991) Tissue distribution, excretion and hepatic biotransformation of microcystin-LR in mice. *J. Pharmacol. Exp. Ther.,* **256**：176-182.

4. Pace, J. G., Robinson, N. A., Miura, G. A., Matson, C. F., Geisbert, T. W. and White, J. D. (1991) Toxicity and kinetics of 3H-microcystin-LR in isolated perfused rat livers. *Toxicol. Appl. Pharmacol.,* **107**：391-401.

5. Adams, W. H., Stone, J. P., Sylvester, B., Stoner, R. D., Slaktin, D. N., Tempel, N. R. and Siegelman, H. W. (1988) Pathophysiology of

cyanoginosin-LR : *in vivo* and *in vitro* studies. *Toxicol. Appl. Pharmacol.,* **96** : 248-257.

6. Falconer, L. R., Smith, J. V., Jackson, A. R., Jones, A. and Runnegar, M. T. (1988) Oral toxicity of a bloom of the cyanobacterium *Microcystis aeruginosa* administered to mice over periods up to 1 years. *J. Toxicol. Environ. Health,* **24** : 291-305.
7. Falconer, I. R., Burch, M. D., Steffensen, D. A., Choice, M. and Coverdale, O. R. (1994) Toxicity of the blue-green alga (cyanobacterium) *Microcystis aeruginosa* in drinking water to growing pigs, as an animal model for human injury and risk assessment. *Environ. Toxicol. Water Quality : Int. J.,* **9** : 131-139.
8. Kaya, K. (1995) Toxicology of microcystins. In : Watanabe, M. F., Harada, K., Carmichael, W. W. and Fujiki, H. [Eds.] "Toxic Microcystis", CRC press, Boca Raton, pp. 175-202.
9. Eriksson, J. E., Gronberg, L., Nygard, S., Slotte, J. P. and Meriluoto, J. A. O. (1990) Hepato cellular uptake of 3H-microcystin-LR, a cyclic peptide toxin. *Biochim. Biophys. Acta,* **1025** : L60-66.
10. Stoner, R. D., Adams, W. H., Slatkin, D. N. and Siegelman, H. W. (1989) The effects of single L-amino acid substitutions on the lethal potencies of the microcystins. *Toxicon,* **27** : 825-828.
11. Yoshizawa, S., Matsushima, R., Watanabe, M. F., Harada, K., Ichihara, A., Carmichael, W. W. and Fujiki, H. (1990) Inhibition of protein phosphatases by microcystin and nodularin associated with hepatotoxicity. *J. Cancer Res. Cli. Oncol.,* **116** : 606-614.
12. Ohta, T., Nishiwaki, R., Yatsunami, J., Komori, A., Suganuma, M. and Fujiki, H. (1992) Hyperphosphorylation of cytokeratins 8 and 18 by microcystin-LR, a new liver tumor promoter, in primary cultured rat hepatocytes. *Carcinogenesis,* **13** : 2442-2447.
13. Naseem, S. M., Mereish, K. A., Solow, A. and Hines, H. B. (1991) Microcystin-induced activation of prostaglandin synthesis and phospholipid metabolism in rat hepatocytes. *Toxicol. in Vitro,* **5** : 341-345.
14. Nakano, M., Nakano, Y., Saito-Taki, T., Mori, N., Kojima, M., Ohtake, A. and Shirai, M. (1989) Toxicity of *Microcystis aeruginosa* H-139

strain. *Microbiol. Immunol.,* **33**：787-792.

15. Nakano, Y., Shirai, M., Mori, N. and Nakano, M. (1991) Neutralization of microcystin shock in mice by tumor necrosis factor α antiserum. *Appl. Environ. Microbiol.,* **57**：327-330.

16. Nishiwaki-Matsushima, R., Ohta, T., Nishiwaki, S., Suganuma, M., Kohyama, K., Ishikawa, T., Carmichael, W. W. and Fujiki, H. (1992) Liver tumor promotion by the cyanobacterial cyclic peptide toxin microcystin-LR. *J. Cancer Res. Cli. Oncol.,* **118**：420-424.

17. Ohta, T., Sueoka, E., Iida, N., Komori, A., Suganuma, M., Nishiwaki, R., Tatematsu, M., Kim, S-J., Carmichael, W. W. and Fujiki, H. (1994) Nodularin, a potent inhibitor of protein phosphatases 1 and 2A, is a new environmental carcinogen in male F344 rat liver. *Cancer Res.,* **54**：6402-6406.

18. Takahashi, S. and Kaya, K. (1993) Quail splcen is enlarged by microcystin-RR as a blue-green algal hepatotoxin. *Natural Toxins,* **1**：283-285.

19. Sugaya, Y., Yasuno, M. and Yanai, T. (1990) Effect of toxic *Microcystis viridis* and isolated toxins on goldfish. *Jpn. J. Limnol.,* **51**：149-153.

20. Anderson, R. J., Luu, H. A., Chen, D. Z. X., Holmes, C. F. B., Kent, M., LeBlanc, M., Taylor, F. J. R. and Williams, D. E. (1993) Chemical and biological evidence links microcystins to salmon "Netpen Disease". *Toxicon,* **31**：1315-1323.

21. Abe, T., Lawson, T., Weyers, J. D. B. and Codd, G. A. (1996) Microcystin-LR inhibits photosynthesis of *Phaseplus vulgaris* primary leaves：implications for current spray irrigation practice. *New Phytol.,* **133**：651-658.

22. Smith, R. D., Wilson, J. E., Walker, J. C. and Baskin, T. I. (1994) Protein phosphatase inhibitors block root hair growth and alter cortical cell shape of *Arabidopsis* roots. *Planta,* **194**：516-524.

23. Garbers, C., DeLong, A., Deruere, J., Bernasconi, P. and Soll, D. (1996) A mutation in protein phosphatase 2A reguratory subunit affects auxin transport in *Arabidopsis*. *EMBO J.,* **15**：2115-2124.

24. Raziuddin, S., Siegelman, H. W. and Tornabene, T. G. (1983) Lipopolysaccharides of the cyanobacterium *Microcystis aeruginosa.*

Eur. J. Biochem., **137**：333-336.

25. Kao, C. Y. (1993) Paralytic shellfish poisoning. In：Falconer, L. R. [Ed.] "Algal Toxins in Seafood and Drinking Water" Academic Press, London, pp. 75-86.
26. Hawkins, P. R., Runnegar, M. T. C., Jackson, A. R. B. and Falconer, I. R. (1985) Severe hepatotoxicity caused by the tropical cyanobacterium (blue-green alga) *Cylindrospermopsis raciborskii* (Woloszynska) Seenaya and SubbA Raju isolated from a domestic water supply reservoir. *Appl. Environ. Microbiol.,* **50**：1292-1295.
27. Hawkins, P. R., Chandrasena, N. R., Jones, G. J., Humpage, A. R. and Falconer, I. R. (1997) Isolation and toxicity of *Cylindrospermopsis raciborskii* from an ornamental lake. *Toxicon,* **35**：341-346.
28. Ohtani, I., Moor, R. E. and Runnegar, M. T. C. (1992) Cylindrospermopsin, a potent hepatotoxin from the blue-green alga *Cylindrospermopsis raciborskii. J. Amer. Chem. Soc.,* **114**：7941-7942.
29. Runnegar, M. T. C., Kong, S. M., Zhong, Y. Z. and Lu, S. C. (1995) Inhibition of reduced glutathione synthesis by cyanobacterial alkaloid cylindrospermopsin in cultured rat hepatocytes. *Biochem. Pharmacol.,* **49**：219-225.
30. Fujiki, H., Mori, M., Nakayasu, M., Terada, M., Suganuma, T. and Moore, R. E. (1981) Indole alkaloids：dihydroteleocidin B, teleocidin, and lyngbyatoxin-A as members of a new class of tumor promoters. *Proc. Natl. Acad. Sci. USA,* **78**：3872-3876.
31. Kaya, K., Sano, T., Watanabe, M. M., Shiraishi, F. and Ito, H. (1993) Thioic *O*-acid ester in sulfolipid isolated from freshwater picoplankton cyanobacterium, *Synechococcus* sp. *Biochim. Biophys. Acta,* **1169**：39-45.

[7　シアノトキシン中毒の治療]

1. Solow, R., Mereish, D. A., Anderson, G. W. J. and Hewetson, J. (1990) Effect of microcystin-LR on cultured rat endothelial cells. *Med. Sci. Res.,* **18**：241-244.
2. Mereish, K. A. and Solow, R. (1990) Effect of antihepatotoxic agents against microcystin-LR toxicity in cultured rat hepatocytes. *Pharm.*

Res., **7**：256-259.

3. Nakano, Y., Shirai, M., Mori, N. and Nakano, M. (1991) Neutralization of microcystin shock in mice by tumor necrosis factor α antiserum. *Appl. Environ. Microbiol.*, **57**：327-330.
4. Naseem, S. M., Hanes, H. B. and Creasia, D. A. (1990) Inhibition of microcystin-induced release of cyclooxygenase products from rat hepatocytes by antiinflammatory steroids. *Proc. Soc. Exp. Biol. Med.*, **195**：345-349.

[8 シアノトキシンの行方]

1. Rapala, J., Sivonen, K., Lyra, C. and Niemela, S. I. (1997) Variation of microcystins, cyanobacterial hepatotoxins, in *Anabaena* spp. as a function of stimuli. *App. Environ. Microbiol.*, **64**：2206-2212.
2. Jones, G. T. and Orr, P. T. (1994) Release and degradation of microcystin following algicide treatment of a *Microcystis aeruginosa* bloom in a recreational lake, as determined by HPLC and protein phosphatase inhibition assay. *Wat. Res.*, **28**：871-876.
3. Tsuji, K., Naito, S., Kondo, F., Ishikawa, N., Watanabe, M. F., Suzuki, M. and Harada, K-I. (1993) Stability of microcystins from cyanobacteria：Effect of light on decomposition and isomerization. *Environ. Sci. Technol.*, **28**：173-177.
4. Welker, M. and Steinberg, C. E. W. (1999) Indirect photolysis of cyanotoxins：one possible mechanism of their low persistence. *Wat. Res.*, **33**：1159-1164.
5. Watanabe, M. M., Zhang, X. and Kaya, K. (1996) Fate of toxic cyclic heptapeptide, microcystins, in toxic cyanobacteria upon grazing by the mixotrophic flagellate *Poterioochromonas malhamensis* (Ochromonadales, Chrysophyceae). *Phycologia*, **35** (Suppl.)：203-206.
6. Smith, C. and Sutton, A. (1993) The persistence of anatoxin-a in reservoir water. Foundation for Water Research, UK Report No. FR0427.
7. Chiswell, R. K., Shaw, R. G., Eaglesham, G. K., Smith, M. J., Norris, R. I., Seawright, A. A. and Moore, M. R. (2000) Stability of cylindrospermopsin, the toxin from the cyanobacterium *Cylindrospermopsis raciborskii*. Effects of pH, temperature and sunlight on decomposition. *Envi-*

ron. Toxicol. Water Qual., **14**：131-139.
8. Negri, A. P., Jones, G. J., Blackburn, S. I., Oshima, Y. and Onodera, H. (1997) Effect of culture and bloom development of sample strage on paralytic shellfish poisoning in the cyanobacterium *Anabaena circinalis*. *J. Phycol.*, **33**：26-35.

[9　シアノトキシンの暴露量と安全性]

1. Fitzgeorge, R. B., Clark, S. A. and Keevil, C. W. (1994) Routes of intoxication. In：Codd, G. A., Jefferies, T. M., Keevil, C. W. and Potter, E. [Eds.] "Detection Methods for Cyanobacterial Toxins" The Royal Society of Chemistry, Cambridge, UK, pp. 69-74.
2. WHO (1998) "Guidelines for Drinking-water Quality" Second edition, Addendum to Volume 2, Health Criteria and Other Supporting Information. World Health Organization, Geneva.
3. Falconer, I. R., Burch, M. D., Steffensen, D. A., Choice, M. and Coverdale, O. R. (1994) Toxicity of the blue-green alga (cyanobacterium) *Microcystis aeruginosa* in drinking water to growing pigs, as an animal model for human injury and risk assessment. *Environ. Toxicol. Water Quality*：*Int. J.*, **9**：131-139.
4. Pilotto, L. S., Douglas, R. M., Burch, M. D., Cameron, S., Beers, M., Rouch, G. R., Robinson, P., Kirk, M., Cowie, C. T., Hardman, S., Moore, C. and Attewell, R. G. (1997) Health effects of recreational exposure to cyanobacteria (blue-green alga) during recreational water-related activities. *Aust. N. Zealand J. Public Health*, **21**：562-566.
5. Abe, T., Lawson, T., Weyers, J. D. B. and Codd, G. A. (1996) Microcystin-LR inhibits photosynthesis of *Phaseolus vulgaris* primary leaves：implications for current spray irrigation practice. *New Phytol.*, **133**：651-658.
6. Islam, M. S., Miah, M. A., Hasan, M. K., Sack, R. B. and Albert, M. J. (1994) Detection of non-culturable *Vibrio cholerae* 01 in a blue-green alga from aquatic environment in Bangladesh. *Trans. Royal Soc. Tropical Med. Hyg.*, **88**：298-299.
7. Perrson, P. E. (1983) Off-flavors in aquatic ecosystems　An introduction. *Wat. Sci. Technol.*, **15**：1-11.

［10　シアノバクテリアの監視］

1．NSWBGATF (1992) "Blue-Green Algae" Final Report of the New South Wales Blue-Green Algal Task Force, New South Wales Department of Water Resources, Parramatta, Australia.

2．NSWBGATF (1993) "Blue-Green Algae" First Annual Report of the New South Wales Blue-Green Algal Task Force, New South Wales Department of Water Resources, Parramatta, Australia.

3．Jones, G. J. and Korth, W. (1995) *In situ* production of volatile odour compounds by river and reservoir phytoplankton populations in Australia. *Wat. Sci. Tech.,* **31**：145-151.

4．Bartram, J., Burch, M., Falconer, I. R., Jones, G. J. and Kuiper-Goodman, T. (1999) Situation assessment, planning and management. In：Chorus, I. and Bartram, J. [Eds.] "Toxic Cyanobacteria in Water" WHO, E & FN Spon, London, pp. 179-209.

5．国立環境研究所特別研究報告（1998）湖沼環境指標の開発と新たな湖沼環境問題の解明に関する研究．SR-24-'98．

［11　シアノバクテリアの増殖防止対策］

1．Ronicke, C. S. (1986) "Beitrag zur Fixation des Molekularen Stickstoffs Durch Planktische Cyanophyceen in Einem Dimiktischen, Schwach Durchfolssenen Standgewasser" Diss. A Humbolt-Univ. Berlin.

2．Murphy, T. P., Prepas, E. E., Lim, J. T., Crosby, J. M. and Walty, D. T. (1990) Evaluation of calcium carbonate and calcium hydroxide treatments of prairie drinking water dugouts. *Lake Reserv. Manage.,* **6**：101-108.

3．Imai, A., Fukushima, T. and Matsushige, K. (1999) Effects of iron limitatrion and aquatic humic substances on the growth of *Microcystis aeruginosa. Can. J. Fish. Aquat. Sci.,* **56**：1929-1937.

4．Jones, G. and Orr, P. T. (1994) Release and degradation of microcystin following algicide treatment of a *Microcystis aeruginosa* bloom in a recreational lake, as determined by HPLC and protein phosphatase inhibition assay. *Wat. Res.,* **28**：871-876.

5．Everall, N. C. and Lees, D. R. (1996) The use of barley-straw to control general and blue-green algal growth in a Derbyshire reservoir. *Wat.*

Res., **30**：269-276.

6. Kaya, K. and Sano, T. (1996) Algicidal compounds in yeast extract as a component of microbial culture media. *Phycologia,* **35** (6 Suppl.)：117-119.
7. Hehmann, A., Kaya, K. and Watanabe, M. M. (2001) Effects of lysine on cyanobacterial growth. *Intern. Congr. Lumi.,* (in press) Merborn, Australia.

［12　シアノトキシンの除去法］

1. Donati, C. D., Drikas, M., Hayers, R. and Newcombe, B. (1994) Microcystin-LR adsorption by powdered activated carbon. *Wat. Res.,* **28**：1735-1742.
2. Carlile, P. R. (1994) "Further Studies to Investigate Microcystin-LR and Anatoxin-a Removal from Water" Report No. 0458, foundation for Water Research, Marlow, UK.
3. Keijola, A. M., Himberg, K., Esala, A. L., Sivonen, K. and Hiisvirta, L. (1988) Removal of cyanobacterial toxins in water treatment processes：laboratory and pilot-scale experiments. *Tox. Assess.,* **3**：643-656.
4. Neumann, U. and Weckesser, J. (1998) Elimination of microcystin peptide toxins from water by reverse osmosis. *Environ. Toxicol. Water Qual.,* **13**：654-659.
5. Kaya, K. and Sano, T. (1998) A photodetoxification mechanism of the cyanobacterial hepatotoxin microcystin-LR by ultraviolet irradiation. *Chem. Res. Toxicol.,* **11**：159-163.
6. Rositano, J. (1996) "Destruction of Cyanobacterial Peptide Toxins by Oxidants used in Water Treatment" Report 110, Urban Water Research Association of Australia.
7. Fawell, J. K., Hart, J., James, H. A. and Parr, W. (1993) Blue-green algae and their toxins analysis, toxicity, treatment and environmental control. *Wat. Supply,* **11**：109-121.

［13　シアノトキシンの定量法］

1. Lowton, L. A., Edwards, C. and Codd, G. A. (1994) Extraction and high-performance liquid chromatographic method for determination of microcystins in raw and treated waters. *Analyst,* **119**：1525-1530.

2. Mahakhant, A., Sano, T., Ratanachot, P., Tong-a-ram, T., Srivastava, V. C., Watanabe, M. M. and Kaya, K. (1998)Detection of microcystins from cyanobacterial waterblooms in Thailand freshwaters. *Phycol. Res.,* **46** (Suppl.) : 25-29.
3. Nagata, S., Soutome, H., Tsutsumi, T., Hasegawa, A., Sekijima, M., Sugamata, M., Harada, K-I., Suganuma, M. and Ueno, Y. (1995) Novel monoclonal antibodies against microcystin and their protective activity for hepatotoxicity. *Natural Toxins,* **3** : 78-86.
4. Lambert, T. W., Boland, M. P., Holmes, C. F. B. and Hrudey, S. E. (1994) Quantitation of microcystin hepatotoxins in water at environmentally relevant concentrations with the protein phosphatase bioassay. *Environ. Sci. Technol.,* **28** : 753-755.
5. Kaya, K., Sano, T., Beattie, K. A. and Codd, G. A. (1996) Nostocyclin, a novel 3-amino-6-hydroxy-2-piperidone-containing cyclic depsipeptide from the cyanobacterium *Nostoc* sp. *Tetrahedron Lett.,* **37** : 6723-6728.
6. Sano, T., Nohara, K., Shiraishi, F. and Kaya, K. (1992) A method for micro-determination of total microcystin content in water-blooms of cyanobacteria (blue-green algae). *Int. J. Environ. Anal. Chem.,* **49** : 163-170.
7. Kaya, K. and Sano, T. (1999) Total microcystin determination using erythro-2-methyl-3-(methoxy-d3)-4-phenylbutyric acid (MMPB-d_3) as the internal standard. *Anal. Chim. Acta,* **386** : 107-112.
8. Edwards, C., Beattie, K. A., Scrimgeour, C. M. and Codd, G. A. (1992) Identification of anatoxin-a in benthic cyanobacteria (blue-green algae) and in associated dog poisonings at Loch Insh, Scotland. *Toxicon,* **30** : 1165-1175.
9. Harada, K-I., Nagai, H., Kimura, Y., Suzuki, M., Park, H., Watanabe, M. F., Luukkainen, R., Sivonen, K. and Carmichael, W. W. (1993) Liquid chromatography/mass spectrometric detection of anatoxin-a, a neurotoxin from cyanobacteria. *Tetrahedron,* **49** : 9251-9260.
10. Matsunaga, S., Moore, R. E. and Niemszura, W. P. (1989) Anatoxin-a (s), a potent anticholinesterase from *Anabaena flos-aquae. J. Am.*

Chem. Soc., **111**：8021-8023.

11. Harada, K., Ohtani, I., Iwamoto, K., Suzuki, M., Watanabe, M. F., Watanabe, M. and Terao, K. (1994) Isolation of cylindrospermopsin from a cyanobacterium *Umezakia natans* and its screening method. *Toxicon,* **32**：73-84.
12. Oshima, Y. (1995) Post-column derivatization HPLC methods for paralytic shellfish poisoning. In：Hallegraeff, G. M., Anderson, D. M. and Cembella, A. D. [Eds.] "Manual on Harmful Marine Microalgae" IOC Manuals and Guides NO. 33, 81-94.

［14 国内のシアノバクテリア］

1. 国立環境研究所特別研究報告（1998）湖沼環境指標の開発と新たな湖沼環境問題の解明に関する研究．SR-24-'98.
2. 高村典子（1988）ラン藻による水の華，特に *Microcystis* 属の生態学的研究の現状．藻類，**36**：65-79.
3. 丹保憲仁（1969）W 市水源湖沼における藻類の大発生と下流干潮河川における魚類のへい死事故．水道協会雑誌，**422**：37-44.

［15 21 世紀の水環境］

1. United Nation Environment Programme (UNEP) (1999) "Global Environment Outlook 2000" UNEP GEO Team, Earthscan Publication.

索　引

著者略歴

かや くにみつ
彼谷邦光

1944年　富山県に生まれる
1968年　東北大学農学部卒業
1973年　東北大学大学院博士課程修了（農芸化学専攻）　農学博士
日本学術振興会奨励研究員，富山県衛生研究所，テキサス大学を経て
現　在　国立環境研究所 環境研究基盤技術ラボラトリー長
主　著　『分子設計技術—脂質』（共著，サイエンスフォーラム）
『アオコ —その出現と毒素—』（共著，東京大学出版会）
『Toxic Microcystis』（共著，CRC Press）
『環境のなかの毒 —アオコの毒とダイオキシン—』（裳華房）
『脂肪酸と健康・生活・環境 —DHAからローヤルゼリーまで—』（裳華房）
現在の研究テーマ　藍藻毒の化学と分析法の開発，環境有機化学

飲料水に忍びよる　有毒シアノバクテリア

2001年6月20日　第1版発行

検印省略

定価はカバーに表示してあります．

著作者　彼谷邦光
発行者　吉野達治
発行所　東京都千代田区四番町8番地
電　話　03-3262-9166（代）
郵便番号　102-0081
株式会社　裳華房
印刷所　壮光舎印刷株式会社
製本所　板倉製本印刷株式会社

社団法人
自然科学書協会会員

ISBN 4-7853-5835-1